| 简明量子科技丛书 |

量子佯谬

没有人看时月亮还在吗

成素梅 —— 主编

乔从丰 —— 著

上海科学技术文献出版社
Shanghai Scientific and Technological Literature Press

图书在版编目（CIP）数据

量子佯谬：没有人看时月亮还在吗 / 乔从丰著 . —上海：上海科学技术文献出版社，2023
（简明量子科技丛书）
ISBN 978-7-5439-8783-8

Ⅰ . ① 量 …　Ⅱ . ① 乔 …　Ⅲ . ① 量 子 论
Ⅳ . ① O413

中国国家版本馆 CIP 数据核字（2023）第 038366 号

选题策划：张　树
责任编辑：王　珺
封面设计：留白文化

量子佯谬：没有人看时月亮还在吗
LIANGZI YANGMIU： MEIYOUREN KANSHI YUELIANG HAIZAIMA
成素梅　主编　乔从丰　著
出版发行：上海科学技术文献出版社
地　　址：上海市长乐路 746 号
邮政编码：200040
经　　销：全国新华书店
印　　刷：商务印书馆上海印刷有限公司
开　　本：720mm×1000mm　1/16
印　　张：5.25
字　　数：69 000
版　　次：2023 年 4 月第 1 版　2023 年 4 月第 1 次印刷
书　　号：ISBN 978-7-5439-8783-8
定　　价：35.00 元
http://www.sstlp.com

总序

成素梅

当代量子科技由于能够被广泛应用于医疗、金融、交通、物流、制药、化工、汽车、航空、气象、食品加工等多个领域，已经成为各国在科技竞争和国家安全、军事、经济等方面处于优势地位的战略制高点。

量子科技的历史大致可划分为探索期（1900—1922），突破期（1923—1928），适应、发展与应用期（1929—1963），概念澄清、发展与应用期（1964—1982），以及量子技术开发期（1983—现在）等几个阶段。当前，量子科技正在进入全面崛起时代。我们今天习以为常的许多技术产品，比如激光器、核能、互联网、卫星定位导航、核磁共振、半导体、笔记本电脑、智能手机等，都与量子科技相关，量子理论还推动了宇宙学、数学、化学、生物、遗传学、计算机、信息学、密码学、人工智能等学科的发展，量子科技已经成为人类文明发展的新基石。

"量子"概念最早由德国物理学家普朗克提出，现在已经衍生出三种不同却又相关的含义。最初的含义是指分立和不连续，比如，能量子概念指原子辐射的能量是不连续的；第二层含义泛指基本粒子，但不是具体的某个基本粒子；第三层含义是作为形容词或前缀使用，泛指量子力学的基本原理被应用于不同领域时所导致的学科发展，比如量子化学、量子光学、量子生物学、量子密码学、量子信息学等。[①]量子理论的发展不仅为我们提

[①] 施郁.揭开"量子"的神秘面纱［J］.人民论坛·学术前沿，2021，（4）：17.

供了理解原子和亚原子世界的概念框架，带来了前所未有的技术应用和经济发展，而且还扩展到思想与文化领域，导致了对人类的世界观和宇宙观的根本修正，甚至对全球政治秩序产生着深刻的影响。

但是，量子理论揭示的规律与我们的常识相差甚远，各种误解也借助网络的力量充斥各方，甚至出现了乱用"量子"概念而行骗的情况。为了使没有物理学基础的读者能够更好地理解量子理论的基本原理和更系统地了解量子技术的发展概况，突破大众对量子科技"知其然而不知其所以然"的尴尬局面，上海科学技术文献出版社策划和组织出版了本套丛书。丛书起源于我和张树总编辑在一次学术会议上的邂逅。经过张总历时两年的精心安排以及各位专家学者的认真撰写，丛书终于以今天这样的形式与读者见面。本套丛书共由六部著作组成，其中，三部侧重于深化大众对量子理论基本原理的理解，三部侧重于普及量子技术的基础理论和技术发展概况。

《量子佯谬：没有人看时月亮还在吗》一书通过集中讲解"量子鸽笼"现象、惠勒延迟选择实验、量子擦除实验、"薛定谔猫"的思想实验、维格纳的朋友、量子杯球魔术等，引导读者深入理解量子力学的基本原理；通过介绍量子强测量和弱测量来阐述客观世界与观察者效应，回答月亮在无人看时是否存在的问题；通过描述哈代佯谬的思想实验、量子柴郡猫、量子芝诺佯谬来揭示量子测量和量子纠缠的内在本性。

《通幽洞微：量子论创立者的智慧乐章》一书立足科学史和科学哲学视域，追溯和阐述量子论的首创大师普朗克、量子论的拓展者和尖锐的批评者爱因斯坦、量子论的坚定守护者玻尔、矩阵力学的奠基者海森堡、波动力学的创建者薛定谔、确定性世界的终结者玻恩、量子本体论解释的倡导者玻姆，以及量子场论的开拓者狄拉克在构筑量子理论大厦的过程中所做出的重要科学贡献和所走过的心路历程，剖析他们在新旧观念的冲击下就量子力学基本问题展开的争论，并由此透视物理、数学与哲学之间的相互促进关系。

《万物一弦：漫漫统一路》系统地概述了至今无法得到实验证实，但却令物理学家情有独钟并依旧深耕不辍的弦论产生与发展过程、基本理论。内容涵盖对量子场论发展史的简要追溯，对引力之谜的系统揭示，对标准模型的建立、两次弦论革命、弦的运动规则、多维空间维度、对偶性、黑洞信息悖论、佩奇曲线等前沿内容的通俗阐述等。弦论诞生于20世纪60年代，不仅解决了黑洞物理、宇宙学等领域的部分问题，启发了物理学家的思维，还促进了数学在某些方面的研究和发展，是目前被物理学家公认为有可能统一万物的理论。

《极寒之地：探索肉眼可见的宏观量子效应》一书通过对爱因斯坦与玻尔之争、贝尔不等式的实验检验、实数量子力学和复数量子力学之争、量子达尔文主义等问题的阐述，揭示了物理学家在量子物理世界如何过渡到宏观经典世界这个重要问题上展开的争论与探索；通过对玻色－爱因斯坦凝聚态、超流、超导等现象的描述，阐明了在极度寒冷的环境下所呈现出的宏观量子效应，确立了微观与宏观并非泾渭分明的观点；展望了由量子效应发展起来的量子科技将会突破传统科技发展的瓶颈和赋能未来的发展前景。

《量子比特：一场改变世界观的信息革命》一书基于对"何为信息"问题的简要回答，追溯了经典信息学中对信息的处理和传递（或者说，计算和通信技术）的发展历程，剖析了当代信息科学与技术在向微观领域延伸时将会不可避免地遇到发展瓶颈的原因所在，揭示了用量子比特描述信息时所具有的独特优势，阐述了量子保密通信、量子密码、量子隐形传态等目前最为先进的量子信息技术的基本原理和发展概况。

《量子计算：智能社会的算力引擎》一书立足量子力学革命和量子信息技术革命、人工智能的发展，揭示了计算和人类社会生产力发展、思维观念变革之间的密切关系，以及当前人工智能发展的瓶颈；分析了两次量子革命对推动人类算力跃迁上新台阶的重大意义；阐释了何为量子、量子计算以及量子计算优越性等概念问题，描述了量子算法和量子计算机的物理实现及其研究进展；展望了量子计算、量子芯片等技术在量子人工智能时代的应用前景和实践价值。

概而言之，量子科技的发展，既不是时势造英雄，也不是英雄造时势，而是时势和英雄之间的相互成就。我们从侧重于如何理解量子理论的三部书中不难看出，不仅量子论的奠基者们在 20 世纪 20 年代和 30 年代所争论的一些严肃问题至今依然没有得到很好解答，而且随着发展的深入，科学家们又提出了值得深思的新问题。侧重概述量子技术发展的三部书反映出，近 30 年来，过去只是纯理论的基本原理，现在变成实践中的技术应用，这使得当代物理学家对待量子理论的态度发生了根本性变化，他们认为量子纠缠态等"量子怪物"将成为推动新技术的理论纲领，并对此展开热情的探索。由于量子科技基本原理的艰深，每本书的作者在阐述各自的主题时，为了对问题有一个清晰交代，在内容上难免有所重复，不过，这些重复恰好让读者能够从多个视域加深对量子科技的总体理解。

在本套丛书即将付梓之前，我对张树总编辑的总体策划，对各位专家作者在百忙之中的用心撰写和大力支持，对丛书责任编辑王珺的辛勤劳动，以及对"中国科协 2022 年科普中国创作出版扶持计划"的资助，表示诚挚的感谢。

2023 年 2 月 22 日于上海

序言

　　量子力学发端于 20 世纪初，其基本理论框架建立迄今已近百年，取得了辉煌成就。量子力学是描述原子、分子，甚至更微观客体的理论，它带来的影响已经深入到了科学技术以及我们日常生活的方方面面。不同于经典物理学，量子理论中存在着许多有悖直觉的基本假定和推论，特别是其中的宏观量子现象。最有名的可能就是今天人们依然热议的"薛定谔的猫"，以及与之相关的爱因斯坦的论断"上帝不掷骰子"和疑问"没有人看时月亮还在吗"。

　　量子理论的出现彻底颠覆了人类对世界的朴素认知。在这个理论中，天然认为无限可分的物质不再是必然，直觉里连续的经典物理量，如能量、质量，甚至时间和空间，也变得不再连续。在经典理论中，粒子性和波动性是两种完全不相容的物理属性，但在量子理论中，它们就可以是一个客体的不同"侧面"。

　　尽管存在着诸多的"不可思议"，量子力学还是经受住了不断的实践检验。到目前为止，人们没有发现任何与量子力学预言不相符的实验现象。可以说量子力学不仅是一个非常成功的物理理论，更是一种世界观，一个方法论。

　　在 2020 年 10 月 16 日中央政治局就量子科技研究和应用前景举行的集体学习上，习近平总书记强调："量子力学是人类探究微观世界的重大成果。量子科技发展具有重大科学意义和战略价值，是一项对传统技术体系产生冲击、进行重构的重大颠覆性技术创新，将引领新一轮科技革命和产业变革方向。"从中我们可以领悟到当前量子物理在科学技术中的战略地位。

量子力学虽然已经取得了巨大成功，但公认为之前人们只是完成了量子理论的所谓"第一次革命"，即建立了基本的理论体系，并在这个体系下实现了量子理论在科学和技术中的某些应用，如激光、半导体、核能等。目前新一轮的"量子革命"（也可以称为"第二次革命"）已经到来。在新一轮"量子革命"中，人们将努力突破第一阶段"知其然，不知其所以然"的窘境，力争对量子理论基本框架和量子现象背后的物理有一个更清晰的认识。

历史的经验告诉我们，理论的突破必然会带来巨大的技术进步。在新一轮"量子革命"中，量子调控技术，特别是量子通信、量子计算和量子测量等方面，将会有系统性和质的飞跃。在这种情况下，作为中华民族伟大复兴新时代的公民，了解一些基本量子理论和量子现象是很有必要的。不亦乐乎！

本书中我们选择目前在物理研究，特别是量子基础理论研究中出现的若干有名的、典型的量子佯谬介绍给大家。虽然成素梅老师再三强调是科普读物，要通俗，但出于我个人的做事风格，还是会不自觉地试图把事情描述得尽可能系统、严谨一点，希望文中的少量公式不至于把读者吓跑。当然通俗一些的部分也有，以飨不同层次的读者，至少能让他们读过本书后，对量子世界的奇妙有一些感受，激发一定的思考。

需要注意的是，本书所说的量子理论中的佯谬现象，不同于悖论。悖论是一个体系中，前提和结论在正常推理下相悖的情况；而佯谬是指一个现象从某种视角来看有问题，不合逻辑，但在其他的理论体系中看就可以没有问题，是自然的、合理的。许多人把两者混为一谈，也许是因为英文中是同一个词的缘故。研究佯谬和悖论现象对于深入探究一个理论的自洽性、完备性，深入理解一个理论的内涵是非常重要的。

科学是不断完善发展的，迄今还没有哪个物理理论是颠扑不灭、放之四海而皆准的。即便是量子理论，也有理由认为它只是在一定范围内适用的"真理"，对它的认识也随着时代的脚步而深入。在量子理论发展建立的过程中，多少大家、名人都犯过今天看来"低级"的错误，可以说量子理论的发展正是在对各种谬误勘正的过程中建立的。

本书只是一个科普小册子，力求给非专业量子物理爱好者传递一些发生在量子世界的佯谬，涉及的理论问题和实验现象多是当今量子科学领域热议的话题，但论述显然不具有科学著作的严谨性。事实上，如何理解、阐释其中的佯谬，有共识，也有分歧。囿于作者本人的见识，在论述中一定有不到位的地方。因此，广大读者在阅读过程中，如有发现"谬见"，还请不吝赐教，以便及时纠正，避免讹传。

乔从丰

2022 年元月

又及：当我还在写作本书的过程中，2022 年诺贝尔物理学奖颁布了，奖给三位科学家，分别是法国学者阿兰·阿斯佩（Alain Aspect）、美国学者约翰·克劳泽（John Clauser）和奥地利学者安东·蔡林格（Anton Zeilinger），以表彰他们"用纠缠光子进行实验，明确了贝尔不等式破坏，并开创了量子信息科学"。他们率先用实验证明，量子纠缠现象很难通过经典理论进行描述，这是量子理论有别于经典物理的重要特征之一，抑或是我们文中描述的量子佯谬现象的缘由。

目录

· Contents ·

第一章

微观和宏观

WEIGUAN HE HONGGUAN

量子力学的理论框架正式确立迄今已近百年，市面上有关量子力学的介绍如汗牛充栋，不胜枚举，作为科普读物，这里不对量子力学做详细介绍，而只对其要义、发展的主要脉络及其与经典物理明显不同之处简要说明，以备理解后面章节中的内容。

量子理论的主要应用领域在微观世界，但越来越多的迹象表明，宏观，甚至宇观世界中也能呈现出量子效应，而很多这样的效应正是人们所期待，抑或刻意制造出来的。为了更好地理解量子力学，我们有必要先对所谓的微观和宏观做一个简单描述。

一、经典物理及其适用范围

通常意义下我们说经典物理学（classicalphysics）是指不包含量子力学和相对论的物理学内容，是从伽利略（Galileo）开始，至20世纪前叶建立起来的，包括力、热、声、光、电、天文、统计等学科的理论体系，其核心是牛顿力学、麦克斯韦电磁理论，以及热力学与统计物理。更早时期在东西方出现的，有关自然现象的一些认识、看法和描述不算在内。

经典物理学发端于欧洲的文艺复兴，集大成在第一、二次工业革命，这期间科学与技术相辅相成、交相辉映，极大地推动了生产力的发展，将人类从刀耕火种带入到电气化时代。正如马克思、恩格斯在《共产党宣言》中所说"资产阶级在它的不到一百年的阶级统治中所创造的生产力比过去一切时代创造的全部生产力还要多，还要大"。其中，物理学及与之相关的技术发挥了最为关键的作用。

物理学是面向自然的科学，它的发展离不开技术的进步、实验手段的提高。经典物理学也不例外，"源于生活"又"高于生活"。人类在经典物理学建立的三百多年中，技术水平取得了前所未有的进步，但那些技术、工艺基本局限于人肉眼可及的尺度，亦即我们通常所说的宏观，与之相应，经典物理学是描述有关宏观、低速物理现象的科学。这里所说的低速是相较真空中光速而言的。在那个年代，人类还很难触及尺度小于分子、速度接近光速的客体，因而对量子理论和（狭义）相对论尚无实际需求。至于广义相对论，其效应即便今天看来通常也微乎其微，那个年代就更遥不可及了。需要说明的是，现代理论物理研究中，人们有时也会将所有非量子化的物理均称为经典理论，包括狭义和广义相对论。

一个有意思、让人思考的问题是，在科学的发展过程中，究竟好奇心、兴趣爱好是第一驱动，还是实用需求是主要的推动力？以物理学为例，物理一词来自古希腊，意为有关自然的学问。在一部分人衣食无忧后，就有人开始尝试回答所谓人类的终极问题，3W 问题，即：我是谁？我从哪里来？我将到哪里去？这里面开始出现经典物理学的一鳞半爪，是朴素的知识，林林总总，不太成体系，还称不上一门学科。这个时候显然好奇心更主导，但随着物理学越来越实用，形而下，这个学科的发展就更多地为社会生活的需求所左右。这是一个有趣的问题，但偏离了本书的要旨，不再展开，留给读者继续思考。

二、从宏观走向微观，再从微观到宇观

随着 19 世纪的结束，经典物理学的大厦业已宣告建立完成，以至于那时多数物理学家认为之后的物理研究只不过是些修修补补的工作，不会有什么大的突破。最具代表性的看法就是 1900 年开尔文勋爵

◎开尔文勋爵

（LordKelvin）在不列颠科学促进会演讲中所说：物理学已不再会有什么新发现了，能做的只是更加精确地测量而已（There is nothing new to be discovered in physics now. All that remains is more and more precise measurement. ）。开尔文说这话的时候，微观世界的潘多拉之盒已经开裂，只是老先生没有注意到而已。

人类探索未知没有止境，从"偷食了伊甸园的禁果"开始，好奇心就一直伴随着人类的演进。总有一部分人不满足于生活的现状和认知范围，想有所改变，有所突破，从而不断推动着技术的进步和科学的发展。人们总想弄清物质的本源是什么，自然界是由什么组成的。不论是我国战国时期的惠施和古希腊德谟克里特（Democritus）朴素的"原子"概念，还是东方金、木、水、火、土与西方水、火、气、土对世界的认识，都不过是些原始的猜想而已，和现代科学相去甚远，最多可以算作是科学的萌芽。

科学通常是指建立在合理的逻辑推理基础之上对自然（社会）现象的

认知。现代科学的特点是对数学的大量使用。如马克思所说："一门科学只有当它达到了能够成功地运用数学时，才算真正发展了。"当然，由于学科的特点，不同学科对数学的使用也不尽相同，并非说数学运用得多的学科就一定比其他学科更"科学"，更优越。

人的思维脱离不开周边环境和成长经历。生活在宏观世界，我们看待微观世界一定是从最直接的、固化在脑海里的观念出发的，会想当然地认为：一尺之棰，日取其半，万世不竭。然而，现代科学是建立在实验基础之上的，没有实验支持，各种说法不能称之为理论，至多只是一种假设。广义说，一个科学的理论从逻辑上讲应该是能被证伪的。经历了各种检验而未被证伪，我们就说这个理论是"真理"，至少是在当前实验条件下的真理，否则就是"谬误"。这里其实隐含着一个假定，就是科学的就是客观的，它独立于观测者，因而也是可重复检验的。如果理论上都做不到这点，这种学说就不能称之为科学理论，有时甚至连错误都算不上（not even wrong）。但请注意，量子论的出现使得如上通常对科学的认识发生了些许动摇，这个尚在争议之中，后面还会提到。

19 世纪末，电子、放射性和 X 射线等一系列发现其实已经撕开了经典物理华丽的外衣，只是多数人，包括当时著名的物理学家都没有意识到，还在颂扬着它的完美。现在我们知道，这些发现其实意味着人类已经叩响了原子世界的大门，而原子尺度以内的物理没有超越经典物理的新理论是无法理解的。现代物理学中原子、分子概念通过道尔顿（Dalton）、阿伏伽德罗（Avogadro）等科学家的努力逐步建立起来，从古代原子概念的猜测变为一种科学理论。虽然像量子之父普朗克（Planck）等一批伴随着经典物理的完善成长起来的科学家，很不情愿接受原子的概念，认为那不过是一种权宜之计而已，但实际上普朗克在 1900 年第一次提出（能）量子概念时已（不得已）使用了原子概念。事实上，只要有原子——基本粒子——的概念，量子化就几乎是不可避免的。值得一提的是，普朗克当年用最大的勇气提出的量子化概念，只是针对黑体中各种吸收和放出辐射的谐振频率。真正敢"冒天下之大不韪"提出光量子化的是那块"顽石"爱因斯坦（Einstein，德语意为一块石头），在 1905 年解释光电效应时提出来的。光子（photon）一词的命名那是若干年后的事了。由此，经过波尔（Bohr）、海森堡（Heisenberg）、薛定谔（Schrödinger）、狄拉克（Dirac）、德布罗意（de Broglie）、泡利（Pauli）等一众科学巨擘二十多年的努力，描述微观世界的量子力学体系就建立起来了。

◎马克斯·普朗克（Max Planck）

在量子力学的建立过程中，人们发现，量子理论与经典物理有诸多不同的地方，是一个全新的动力学体系。最根本的不同表现在量子理论的不确定性和非定域性。有关这些特点后面会有更多说明，在此先不细表。

◎沃纳·卡尔·海森堡
（Werner Karl Heisenberg）

量子现象虽然是人类的"触觉"深入原子尺度发现的现象，但随着研究深入，发现不仅在宏观可以有量子效应，如原子系统在低温时出现的玻色－爱因斯坦凝聚现象，在宇观量子效应也许更为突出和重要。要想理解这点，需要对目前物理学家和宇宙学家普遍接受的粒子物理标准模型和标准宇宙学模型有一个大致认识。

按人类目前的物理学认知，自然界为四种基本相互作用力所左右，即弱相互作用、强相互作用、电磁相互作用和引力相互作用。其中前两种力是短程相互作用，发生在原子、亚原子内，我们通常感受不到；后两种力是长程力，早已为人类熟识。目前物理学家已经成功地把前三种力进行了量子化，并纳入一个统一的数学框架：SU(3)×SU(2)×U(1)，称为粒子物理

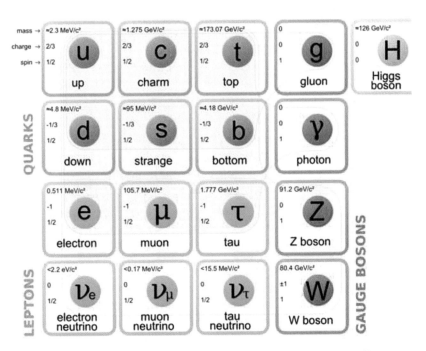

Figure 1: The Standard Model particle content, from Wikipedia.

◎考虑到各种量子数，共有 61 个不同的基本粒子

$$\mathcal{L}_{SM} = -\frac{1}{2}\partial_\nu g^a_\mu \partial_\nu g^a_\mu - g_s f^{abc}\partial_\mu g^a_\nu g^b_\mu g^c_\nu - \frac{1}{4}g^2_s f^{abc}f^{ade}g^b_\mu g^c_\nu g^d_\mu g^e_\nu - \partial_\nu W^+_\mu \partial_\nu W^-_\mu -$$
$$M^2 W^+_\mu W^-_\mu - \frac{1}{2}\partial_\nu Z^0_\mu \partial_\nu Z^0_\mu - \frac{1}{2c^2_w}M^2 Z^0_\mu Z^0_\mu - \frac{1}{2}\partial_\mu A_\nu \partial_\mu A_\nu - igc_w(\partial_\nu Z^0_\mu(W^+_\mu W^-_\nu -$$
$$W^+_\nu W^-_\mu) - Z^0_\nu(W^+_\mu \partial_\nu W^-_\mu - W^-_\mu \partial_\nu W^+_\mu) + Z^0_\mu(W^+_\nu \partial_\nu W^-_\mu - W^-_\nu \partial_\nu W^+_\mu)) -$$
$$igs_w(\partial_\nu A_\mu(W^+_\mu W^-_\nu - W^+_\nu W^-_\mu) - A_\nu(W^+_\mu \partial_\nu W^-_\mu - W^-_\mu \partial_\nu W^+_\mu) + A_\mu(W^+_\nu \partial_\nu W^-_\mu -$$
$$W^-_\nu \partial_\nu W^+_\mu)) - \frac{1}{2}g^2 W^+_\mu W^-_\mu W^+_\nu W^-_\nu + \frac{1}{2}g^2 W^+_\mu W^-_\nu W^+_\mu W^-_\nu + g^2 c^2_w(Z^0_\mu W^+_\mu Z^0_\nu W^-_\nu -$$
$$Z^0_\mu Z^0_\mu W^+_\nu W^-_\nu) + g^2 s^2_w(A_\mu W^+_\mu A_\nu W^-_\nu - A_\mu A_\mu W^+_\nu W^-_\nu) + g^2 s_w c_w(A_\mu Z^0_\nu(W^+_\mu W^-_\nu -$$
$$W^+_\nu W^-_\mu) - 2A_\mu Z^0_\mu W^+_\nu W^-_\nu) - \frac{1}{2}\partial_\mu H \partial_\mu H - 2M^2\alpha_h H^2 - \partial_\mu \phi^+ \partial_\mu \phi^- - \frac{1}{2}\partial_\mu \phi^0 \partial_\mu \phi^0 -$$
$$\beta_h\left(\frac{2M^2}{g^2} + \frac{2M}{g}H + \frac{1}{2}(H^2 + \phi^0\phi^0 + 2\phi^+\phi^-)\right) + \frac{2M^4}{g^2}\alpha_h -$$
$$g\alpha_h M\left(H^3 + H\phi^0\phi^0 + 2H\phi^+\phi^-\right) -$$
$$\frac{1}{8}g^2\alpha_h\left(H^4 + (\phi^0)^4 + 4(\phi^+\phi^-)^2 + 4(\phi^0)^2\phi^+\phi^- + 4H^2\phi^+\phi^- + 2(\phi^0)^2 H^2\right) -$$
$$gMW^+_\mu W^-_\mu H - \frac{1}{2}g\frac{M}{c^2_w}Z^0_\mu Z^0_\mu H -$$
$$\frac{1}{2}ig\left(W^+_\mu(\phi^0\partial_\mu \phi^- - \phi^-\partial_\mu \phi^0) - W^-_\mu(\phi^0\partial_\mu \phi^+ - \phi^+\partial_\mu \phi^0)\right) +$$
$$\frac{1}{2}g\left(W^+_\mu(H\partial_\mu \phi^- - \phi^-\partial_\mu H) + W^-_\mu(H\partial_\mu \phi^+ - \phi^+\partial_\mu H)\right) + \frac{1}{2}g\frac{1}{c_w}(Z^0_\mu(H\partial_\mu \phi^0 - \phi^0\partial_\mu H) +$$
$$M\left(\frac{1}{c_w}Z^0_\mu\partial_\mu \phi^0 + W^+_\mu\partial_\mu \phi^- + W^-_\mu\partial_\mu \phi^+\right) - ig\frac{s^2_w}{c_w}MZ^0_\mu(W^+_\mu \phi^- - W^-_\mu \phi^+) + igs_w MA_\mu(W^+_\mu \phi^- -$$
$$W^-_\mu \phi^+) - ig\frac{1-2c^2_w}{2c_w}Z^0_\mu(\phi^+\partial_\mu \phi^- - \phi^-\partial_\mu \phi^+) + igs_w A_\mu(\phi^+\partial_\mu \phi^- - \phi^-\partial_\mu \phi^+) -$$
$$\frac{1}{4}g^2 W^+_\mu W^-_\mu\left(H^2 + (\phi^0)^2 + 2\phi^+\phi^-\right) - \frac{1}{8}g^2\frac{1}{c^2_w}Z^0_\mu Z^0_\mu\left(H^2 + (\phi^0)^2 + 2(2s^2_w - 1)^2\phi^+\phi^-\right) -$$
$$\frac{1}{2}g^2\frac{s^2_w}{c_w}Z^0_\mu\phi^0(W^+_\mu \phi^- + W^-_\mu \phi^+) - \frac{1}{2}ig^2\frac{s^2_w}{c_w}Z^0_\mu H(W^+_\mu \phi^- - W^-_\mu \phi^+) + \frac{1}{2}g^2 s_w A_\mu\phi^0(W^+_\mu \phi^- +$$
$$W^-_\mu \phi^+) + \frac{1}{2}ig^2 s_w A_\mu H(W^+_\mu \phi^- - W^-_\mu \phi^+) - g^2\frac{s_w}{c_w}(2c^2_w - 1)Z^0_\mu A_\mu\phi^+\phi^- -$$
$$g^2 s^2_w A_\mu A_\mu\phi^+\phi^- + \frac{1}{2}ig_s \lambda^a_{ij}(\bar{q}^\sigma_i \gamma^\mu q^\sigma_j)g^a_\mu - \bar{e}^\lambda(\gamma\partial + m^\lambda_e)e^\lambda - \bar{\nu}^\lambda(\gamma\partial + m^\lambda_\nu)\nu^\lambda - \bar{u}^\lambda_j(\gamma\partial +$$
$$m^\lambda_u)u^\lambda_j - \bar{d}^\lambda_j(\gamma\partial + m^\lambda_d)d^\lambda_j + igs_w A_\mu\left(-(\bar{e}^\lambda\gamma^\mu e^\lambda) + \frac{2}{3}(\bar{u}^\lambda_j\gamma^\mu u^\lambda_j) - \frac{1}{3}(\bar{d}^\lambda_j\gamma^\mu d^\lambda_j)\right) +$$
$$\frac{ig}{4c_w}Z^0_\mu\{(\bar{\nu}^\lambda\gamma^\mu(1 + \gamma^5)\nu^\lambda) + (\bar{e}^\lambda\gamma^\mu(4s^2_w - 1 - \gamma^5)e^\lambda) + (\bar{d}^\lambda_j\gamma^\mu(\frac{4}{3}s^2_w - 1 - \gamma^5)d^\lambda_j) +$$
$$(\bar{u}^\lambda_j\gamma^\mu(1 - \frac{8}{3}s^2_w + \gamma^5)u^\lambda_j)\} + \frac{ig}{2\sqrt{2}}W^+_\mu\left((\bar{\nu}^\lambda\gamma^\mu(1 + \gamma^5)U^{lep}_{\lambda\kappa}e^\kappa) + (\bar{u}^\lambda_j\gamma^\mu(1 + \gamma^5)C_{\lambda\kappa}d^\kappa_j)\right) +$$
$$\frac{ig}{2\sqrt{2}}W^-_\mu\left((\bar{e}^\kappa U^{lep\dagger}_{\kappa\lambda}\gamma^\mu(1 + \gamma^5)\nu^\lambda) + (\bar{d}^\kappa_j C^\dagger_{\kappa\lambda}\gamma^\mu(1 + \gamma^5)u^\lambda_j)\right) +$$
$$\frac{ig}{2M\sqrt{2}}\phi^+\left(-m^\lambda_e(\bar{\nu}^\lambda U^{lep}_{\lambda\kappa}(1 - \gamma^5)e^\kappa) + m^\lambda_\nu(\bar{\nu}^\lambda U^{lep}_{\lambda\kappa}(1 + \gamma^5)e^\kappa) +$$
$$\frac{ig}{2M\sqrt{2}}\phi^-\left(m^\lambda_e(\bar{e}^\lambda U^{lep\dagger}_{\lambda\kappa}(1 + \gamma^5)\nu^\kappa) - m^\kappa_\nu(\bar{e}^\lambda U^{lep\dagger}_{\lambda\kappa}(1 - \gamma^5)\nu^\kappa\right) - \frac{g}{2}\frac{m^\lambda_\nu}{M}H(\bar{\nu}^\lambda\nu^\lambda) -$$
$$\frac{g}{2}\frac{m^\lambda_e}{M}H(\bar{e}^\lambda e^\lambda) + \frac{ig}{2}\frac{m^\lambda_\nu}{M}\phi^0(\bar{\nu}^\lambda\gamma^5\nu^\lambda) - \frac{ig}{2}\frac{m^\lambda_e}{M}\phi^0(\bar{e}^\lambda\gamma^5 e^\lambda) - \frac{1}{4}\bar{\nu}_\lambda M^R_{\lambda\kappa}(1 - \gamma_5)\hat{\nu}_\kappa -$$
$$\frac{1}{4}\bar{\nu}_\lambda M^R_{\lambda\kappa}(1 - \gamma_5)\hat{\nu}_\kappa + \frac{ig}{2M\sqrt{2}}\phi^+\left(-m^\lambda_d(\bar{u}^\lambda_j C_{\lambda\kappa}(1 - \gamma^5)d^\kappa_j) + m^\lambda_u(\bar{u}^\lambda_j C_{\lambda\kappa}(1 + \gamma^5)d^\kappa_j)\right) +$$
$$\frac{ig}{2M\sqrt{2}}\phi^-\left(m^\lambda_d(\bar{d}^\lambda_j C^\dagger_{\lambda\kappa}(1 + \gamma^5)u^\kappa_j) - m^\kappa_u(\bar{d}^\lambda_j C^\dagger_{\lambda\kappa}(1 - \gamma^5)u^\kappa_j\right) - \frac{g}{2}\frac{m^\lambda_u}{M}H(\bar{u}^\lambda_j u^\lambda_j) -$$
$$\frac{g}{2}\frac{m^\lambda_d}{M}H(\bar{d}^\lambda_j d^\lambda_j) + \frac{ig}{2}\frac{m^\lambda_u}{M}\phi^0(\bar{u}^\lambda_j\gamma^5 u^\lambda_j) - \frac{ig}{2}\frac{m^\lambda_d}{M}\phi^0(\bar{d}^\lambda_j\gamma^5 d^\lambda_j) + \bar{G}^a\partial^2 G^a + g_s f^{abc}\partial_\mu \bar{G}^a G^b g^c_\mu +$$
$$\bar{X}^+(\partial^2 - M^2)X^+ + \bar{X}^-(\partial^2 - M^2)X^- + \bar{X}^0(\partial^2 - \frac{M^2}{c^2_w})X^0 + \bar{Y}\partial^2 Y + igc_w W^+_\mu(\partial_\mu \bar{X}^0 X^- -$$
$$\partial_\mu \bar{X}^+ X^0) + igs_w W^+_\mu(\partial_\mu \bar{Y}X^- - \partial_\mu \bar{X}^+ Y) + igc_w W^-_\mu(\partial_\mu \bar{X}^- X^0 -$$
$$\partial_\mu \bar{X}^0 X^+) + igs_w W^-_\mu(\partial_\mu \bar{X}^- Y - \partial_\mu \bar{Y}X^+) + igc_w Z^0_\mu(\partial_\mu \bar{X}^+ X^+ -$$
$$\partial_\mu \bar{X}^- X^-) + igs_w A_\mu(\partial_\mu \bar{X}^+ X^+ -$$
$$\partial_\mu \bar{X}^- X^-) - \frac{1}{2}gM\left(\bar{X}^+ X^+ H + \bar{X}^- X^- H + \frac{1}{c^2_w}\bar{X}^0 X^0 H\right) + \frac{1-2c^2_w}{2c_w}igM\left(\bar{X}^+ X^0\phi^+ - \bar{X}^- X^0\phi^-\right) +$$
$$\frac{1}{2c_w}igM\left(\bar{X}^0 X^-\phi^+ - \bar{X}^0 X^+\phi^-\right) + igMs_w\left(\bar{X}^0 X^-\phi^+ - \bar{X}^0 X^+\phi^-\right) +$$
$$\frac{1}{2}igM\left(\bar{X}^+ X^+\phi^0 - \bar{X}^- X^-\phi^0\right).$$

◎令人"望而生畏"的标准模型相互作用拉格朗日量

标准模型。标准模型在 20 世纪六七十年代构造完成，到如今经受住了无数实验的检验，到 2012 年标准模型预言的最后一个粒子，所谓"上帝粒子"——希格斯（Higgs），在欧洲核子中心大型强子对撞机 LHC 上找到后，标准模型中所包含的基本成员，61 个基本粒子，就全部被确认了。

四种基本相互作用力中相对最弱、人类感知最早之一的引力在经典物理中由牛顿（Newton）的万有引力描述。1916 年爱因斯坦提出广义相对论后，发现牛顿的万有引力只是特殊情况下的一种近似。目前描述引力的最好的理论还是广义相对论，特别是 2016 年美国引力波天文台 LIGO 探测到广义相对论所预言的引力波后，人们更加确信，至少在相当大的标度范围内，广义相对论是一个成功的引力理论，能够很好地描述宇宙的演化和星辰的运动。按照广义相对论，引力不是我们通常理解的力的形式，而是一种时空弯曲。多数物理学家认为，量子性是所有物质及其相互作用的基本属性，引力也不应该例外。多少年来，人们一直希望能将广义相对论量子化，或找到另外一个量子引力理论，然而时至今日，尚未成功，"漂亮"的弦理论（stringtheory）也只是取得了有限进展。要得到一个自洽的量子引力理论，似乎还困难重重。当然，也有一些物理学家认为，既然引力不是一般意义上的"力"，也就不太可能和其他三种力统一到一起，甚至都未必可以量子化。这个问题不是本书的重点，不再细表。

标准宇宙学模型（ΛCMD），有时也称宇宙学标准模型，是基于粒子物理标准模型和广义相对论，结合量子力学、核物理等建立的一个目前被广泛接受的宇宙演化理论，其中 Λ 代表宇宙学常数，CMD 指冷暗物质。标准宇宙学模型假定我们的宇宙起始于热大爆炸（big bang），后经历一次急速暴胀，再历经漫长的演化到如今。宇宙中含有大约 5% 的普通物质，27% 的暗物质和 68% 的暗能量。在这个模型中，宇宙在大尺度上是均质和各向同性的，是谐和的（concordance）。虽然近年来一些新观测数据对标准宇宙学模型提出了诘难，模型面临着修正，但总体上说这个模型还是能够解释不少重要的宇宙现象，如宇宙加速膨胀、微波背景辐射、氢元素的丰度等。由于宇宙起始于极高能量，演化伴随着基本粒子和元素的生成，量子效应在这些过程中必然发挥着重要的作用。

$$R_{\mu\nu} - \frac{1}{2}g_{\mu\nu}R + \Lambda g_{\mu\nu} = 8\pi G_N T_{\mu\nu}$$

◎爱因斯坦与优美的广义相对论场方程

三、百年量子论的成功与不足

如上文所述，量子论伴随着 20 世纪的钟声，由量子之父普朗克助产呱呱坠地，后经一众充满爱心和智慧的叔叔——还有阿姨（尽管不多）——悉心培养，哺育长大，终于成就今日之伟岸，以至于到了"处事不决，量子力学"的境地。然而，就如人间诸事，我们习惯于赞赏功成伟业，却有意无意地忽略了汉高祖也曾潦倒四处蹭饭。当年普朗克鼓足了勇气，"不得已"提出能量量子化，事后还反复解释，他的理论不过是为了解释黑体辐射的权宜之计，只是谐振吸收和发射能量的一种描述。这种肇始于"权宜"，但最后成功的例子在物理学的发展史中并不鲜见，而且多意味着重大突破，如尔后之夸克模型。

普朗克对爱因斯坦极为欣赏，但直到 1913 年在他推荐爱因斯坦做普鲁士科学院院士时仍然说："尽管他（爱因斯坦）有时也会做些过度的猜测，例如他所做的光量子假说，但不应以此就对他进行苛责。"可见人的固有观念是多么根深蒂固，量子理论是多么惊世骇俗。多少具有讽刺意味的是，在科学社会学中有个普朗克原理（Planck's principle），大致意思是：科学的进步并非因为科学家观念的转变，而是因为后辈科学家本身就有不同理念。

19 世纪末，约瑟夫·约翰·汤姆逊（Joseph John Thomson）发现电子后不久提出了他的原子模型——葡萄干布丁模型。在这个模型中，电子像葡萄干一般嵌在带正电的（布丁）物质中。这在当时对电学的理解是易于接受的。直到卢瑟福（Ernest Rutherford）和他的助手进行了大量实验，发现 α 粒子（即氦核）轰击金箔后会有相当数量的大角度散射后，否定了汤姆逊的原子模型，提出了我们现在熟悉的卢瑟福行星模型。在这个模型中，带正电的原子核集中了几乎所有的原子质量，处于原子中很小的中心区域，而质量很小的电子散落在核外广阔的空间。卢瑟福的原子模型满足了他们当时的实验要求，但问题马上来了，根据电学中的库仑定律（Coulomb's law），电子应该很快掉落回到原子核上，可这并没有发生。如果说电子像行星绕太阳转一样，可通过快速（准）圆周运动抵消库仑力的话，按照电磁理论，做圆周运动的电子会不断产生电磁辐射，最终也将失去动能，同样会掉落原子核。这个问题使当时众多物理天才感到困惑，直到又一个量子英雄出场，他就是后来成为量子物理灵魂人物的尼尔斯·波尔（Niels Bohr）。

玻尔是丹麦出生的大物理学家，具有很强的创新精神，在他求学的过程中正好赶上卢瑟福原子模型建立伊始，还有不少缺陷。卢瑟福原子模型不仅受到如上文所说的、与经典电磁理论相悖的诟病，在解释当时已经测得相当精确的氢原子光谱实验结果方面，也显得无能为力。波尔敏锐地发现，当把普朗克量子概念引入原子后，这些问题就迎刃而解了，他果断地提出了玻尔原子模型。这个模型的要义在于，原子核外电子只能处于特定的轨道，并且这些轨道上的电子，如果不是在不同轨道上跃迁，就不会损失或获得能量。

为什么电子会有确定的轨道，而行星就没有？为什么电子在这些轨道上运动就不会产生电磁辐射？玻尔模型在搁置这些问题的前提下，经过德国物理学家阿诺德·索末菲（Arnold Sommerfeld）等人的改进后，在解释氢元素光谱上取得了巨大成功，从而确立了玻尔原子模型的历史地位。玻尔模型尽管在量子理论成型后就失去了意义，但在量子论的发展史上却是惊鸿一瞥，毕竟相较普朗克和爱因斯坦针对具体实验现象而言，玻尔原（量）子模型解释的是一个体系——氢原子体系。值得一提的是，与普朗克一样，玻尔在他的模型提出后相当长时间，仍然不认可 1905 年爱因斯坦的光量子说。

创新性新理论出炉的特点从玻尔模型的建立过程可见一斑。新理论总是带着"缺陷"来到这个世界，但它们能解决更多之前遇到的棘手问题。或者说，新理论通常将原有的问题凝缩成了更深层次的问题。这也是还原论（reductionism）发展的一般轨迹。

在量子力学孕育期间，爱因斯坦、德布罗意，甚至薛定谔等都为其华丽登场做出了重要贡献，然而当量子理论逐步走上我们今日看到的"正则"之路后，这些先驱们却逐步背离了正朔。除光电效应、固体比热、玻色－爱因斯坦凝聚等量子领域的重要贡献外，1916 年，爱因斯坦关于原子自发辐射和受激辐射的工作，革命性地预示了激光——这种自然界不存在的物理现象的可能性。彼时，爱因斯坦们挣扎和不愿接受的是量子理论与经典

◎爱因斯坦与玻尔

物理因果律不同，只能得到一个统计结果，而且这是量子力学框架内的基本要义。更让他们不安的是，这个理论前提与所有实验结果完全相容。

玻尔原子模型很快遇到了困难，很难解释除氢这种最简单原子之外，甚至氦原子的光谱，即便对氢原子光谱，玻尔模型对光谱强度、精细结构也显得无能为力。但这一切都不足以消弭玻尔模型在量子论发展过程中的开创性地位。现在看来，他那种半经典模型，能取得部分成功是个很自然的结果，玻尔以其对应性原理和对量子力学的统计解释为后辈量子力学的发展打通了道路。他与爱因斯坦关于量子理论的一系列争论更成为科学发展中的佳话，回响至今。

1922 年，爱因斯坦和玻尔因他们对量子论的贡献，双双获得诺贝尔奖（爱因斯坦算是补发 1921 空缺的诺奖）。虽然那个时候量子力学还未确立，诺贝尔奖委员会在颁奖辞中的表达也有些暧昧，量子论已经为越来越多物理学家所接受。有趣的是，直到 1922 年获诺贝尔奖时，玻尔仍然不认可爱因斯坦提出光量子说，甚至在 1923 年美国著名实验物理学家阿瑟·康普顿（Arthur H. Compton）关于 x 射线在氢原子上的散射的结果（即康普顿效应）出来后，玻尔这个新式的"保守派"仍然坚持不相信光量子说，耐人寻味。但历史的经验告诉我们，任何人都阻挡不了社会前进的步伐，只不过会造成些许延缓和曲折而已。1925 年各种实验结果出来，充分肯定了光的量子性。至此，人们普遍接受，光是具有波粒二象性的，在不同的物理过程中会有不同的表现。

1924 年，法国贵族青年（实际是王子）德布罗意受狭义相对论和光量子假说启发，在其博士论文中提出了物质波理论，认为波粒二象性概念不仅适用于光，也适用于其他物质。这个大胆的想法，很快得到了爱因斯坦的肯定，不久也在实验上得到了验证，为此德布罗意获得了 1929 年诺贝尔奖。感谢德布罗意，基于波动性的第一台电子显微镜不久就问世了。德布罗意曾提出过一个基于决定论的导波（pilot wave theory）理论来解释一

◎会议主题为电子与光子的第五次索尔维（Solvey）会议

些量子现象，受到了相当关注。类似的非定域隐变量理论还有人在研究。与定域隐变量理论不同，目前非定域隐变量理论并未被实验完全排除。

一百年前的这个时候，一次世界大战刚结束，国际政治制度在重建之中，经济正在快速恢复，科学上也发生了前所未有的"寒武纪"大爆发。物理学在那个时期发生了迄今为止最为深刻的革命性飞跃，其重要性甚至连17世纪牛顿经典力学的建立都难与其比肩。与牛顿力学、相对论的创立不同，这场物理学的大革命，也被称为量子理论的"第一次革命"，不是由一个或个别天才完成的，而是由一群才华横溢的毛头小伙子在"火花四溅"的激烈思想碰撞中完成的。

那是一个激动人心的年代，也是物理学的黄金时代。有人说，在那个时期，二流的物理学家也能做出历史上一流的成果。的确，时势造英雄，英雄顺时势。在人类历史上，能够凭一己之力划时代开辟新天地的实在是凤毛麟角，也许那块"石头"爱因斯坦可以算作一个。而大多数的领袖、天才更多的是率先捅破了那最后一层"窗户纸"，或跨过了一个常人难以逾越的鸿沟。那个时候的一众弄潮儿中，不得不提的代表人物包括：聪慧的沃纳·卡尔·海森堡（Werner Karl Heisenberg）、文静的保罗·狄拉克（Paul Dirac）、对别人物理工作评价时"尖酸刻薄"的天才沃夫冈·泡利（Wolfgang Pauli），以及"风流"才子埃尔温·薛定谔（Erwin Schrödinger）等。

这四位中的前两位在1925年基本建立了量子矩阵力学的框架；第三位泡利则发挥其计算能力强的优势，很快加以应用，通过与实验数据比较，用事实夯实了理论基础；第四位薛定谔在矩阵力学建立短短几个月之后就在德布罗意物质波理论启发下提出了一个完全不同的量子理论——波动力学，并且他后来证明这个框架与矩阵力学在数学上是等价的。有关量子力学的发展史，网络上和其他科普读物中有大量描述，不是我们这里的重点，就不再赘述。

◎从左上至右下分别是海森堡、狄拉克、泡利、薛定谔

　　量子力学建立后，虽然很多基本问题仍然没有厘清，但多数物理学家都"不屑于"在那些难缠问题上浪费更多的时间，而是忙着做各种应用，取得了不计其数的成果。曾经有句名言就是："别废话，赶紧算(shut up, but calculate)!"。量子力学可以说是第三次工业革命（也称第三次科技革命）最主要的推手，我们现在的衣食住行都离不开量子物理所带来的便利，从手机、电视到核反应堆、GPS，量子的影子无处不在，甚至基于量子力学的核武器曾经改变了二战的进程。在量子力学基础上发展起来的量子场论，更被认为是人类最高智慧的结晶，取得了非凡成功。

　　虽然量子力学在实践中"所向披靡"，不断成功，但总有些较真的人，不愿止步于能用。像爱因斯坦、薛定谔、德布罗意，甚至包括狄拉克，这些人对量子力学的诠释及完备性质疑一直没有停止过，今天尚有追随者。爱因斯坦与玻尔有关量子力学的争论可谓物理学史中的一段佳话，争论的结果是量子力学得到了发展，众多人从中受到了教益。1935 年，爱因斯坦面对量子力学的不断成功，不再否定理论本身，与其合作者波多尔斯基（Podolsky）和罗森（Rosen）提出了一个基于量子理论的思想实验，史称 EPR 悖论（paradox），用来诘难量子力学是不完备的。现在看来，EPR 所得到的并不是一个悖论，其实是佯谬，但在英文中它们是同一个词。EPR 佯谬后面我们会专门讨论，这里就不再深入了。

　　有关量子态描述的完备性从量子力学诞生起，争论了几十年，也有人尝试构造更深层次的理论，即所谓隐变量理论，但都没有取得满意的结果。这样争论就变得更像一场哲学思辨，成了立场问题。然而毕竟物理学是一门自然科学，是有客观标准的，理论的对错实验说了算。1964 年在著名的欧洲核子中心（简称 CERN）工作的高能物理学家约翰·贝尔（John StewartBell）发表了一篇题为"关于 EPR 佯谬"的文章，提出了能够从实验上区分定域隐变量理论和量子力学的贝尔不等式，将有关量子力学基础无休止的哲学争论放到了实验的天平之上。贝尔这一步跨越非常关键，为后续物理学的发展打开了一扇大门。我们现在诸多量子优越性应用都多少得益于贝尔当年机杼独出的创举。贝尔之后不断有物理学家提出各式各样的不等式，供实验判定量子力学和定域隐变量理论孰是孰非，时至今日，仍绵绵不绝。客观上，后续的不等式甚至在某种程度上要优于贝尔最初提出的不等式，科学总是在进步，但大家习惯上常将这类不等式归于贝尔名下。这就是科学，这就是物理学，首发突破最为重要是共识。其实，贝尔本人是爱因斯坦的拥趸，寄望于隐变量理论，但他提出的不等式却最终"反噬"了其属意，这也是科学发展史上的一个看点。科学发展史要深究起来，与文学作品相比一点都不逊色，时而惊心动魄，时而峰回路转，时而又波澜壮阔。在其中的"弄潮儿"没有一颗好心脏是承受不住的。

◎约翰·贝尔（John Stewart Bell）

虽然量子理论不断进步，大量成功的应用自不必说，就理论本身也将一个个替代理论逼到了墙角。科学史上不乏孤勇的堂吉诃德，对量子理论的诠释采取视而不见的态度不是所有人的选择。所以才有现在仍然流行的量子多世界理论，才有对量子理论正统解释源源不断的新挑战。量子理论不是一个我们固化在脑子里的决定性理论，是一个受制于不确定原理（uncertainty principle）而因果性不明的统计理论，这点让人看着着实不爽。总之，愚以为，微观世界的全同性是根源之一。宏观世界我们说没有两个事物是完全相同的，但在微观，我们却无法区分两个电子或质子有何不同，至少目前还不能。

四、量子论第二次革命要义

上文中我们说过，量子理论发端于 20 世纪初，20 年代矩阵力学和波动力学相继建立，之后百年来的发展充分证明了量子力学的成功。这一阶段可称为量子论的"第一次革命"。

加州理工学院理查德·费曼（Richard Phillips Feynman）教授是著名的天才型物理学家，由于在量子电动力学方面的贡献，他在 1965 年获得诺贝尔奖。费曼物理成就非常多，在攻读博士学位期间提出了量子力学的路径积分方案，影响巨大，应用广泛。费曼物理学讲义和授课很有名，蜚声国际，然而在他授课时，据说喜欢听的学生并不多，主要因为对多数学生来说偏难了。他在《物理定律的特征》（*The character of physical law*）一书中说："我敢保证没人真懂量子力学。"这句话现在已经成了人们用来评价量子力学的名言。当然，这里他指的是那些量子力学中违背常理的特性。这也可以说是量子理论第一阶段发展的特点，人们在对量子论的基础尚不明晰的情况下，发展出了众多极具价值的应用。

随着时间的推移，量子理论正统的哥本哈根学派解释受到了一系列实验和理论的挑战。2014 年，为纪念贝尔不等式提出 50 周年，以《自然—物理》杂志发表量子力学专刊为标志，明确提出量子理论"二次革命"的口号。随后，《自然》杂志发表了题为"'量子战鼓'已经敲响"的周评，推波助澜。当前，人们期待的量子力学"二次革命"已经到来，这场革命将在量子应用方面催生颠覆性的发展，将揭示量子力学成功背后的根本原理。

◎理查德·费曼（Richard Phillips Feynman）

Foundations of quantum mechanics

The fields of quantum information theory and quantum technology exploded in the late 1990s — the very decade that marked the rise of the internet. Labelled the 'second quantum revolution', this new wave of multidisciplinary research was fuelled by the quest for faster computers and secure communication. But exploiting purely quantum mechanical features for information processing requires a deeper understanding of their origin and role in different physical systems, as well as exquisite experimental control.

More than two decades of research have resulted in remarkable theoretical progress and experimental capabilities that now enable us to revisit the very foundations of quantum theory. To make a cartographic analogy, our present understanding of quantum mechanics is like an island containing still uncharted regions and with indistinct coastlines; even less is known of what may lie beyond the surrounding seas. This *Nature Physics* Insight covers some of the exploratory attempts to improve our map of the quantum world.

Experimental advances in the creation of macroscopic superposition states are pushing the limits of quantum theory to establish whether (or where) the quantum description eventually breaks down and the classical one takes over. Such studies might even betray gravitational corrections to quantum mechanics and could therefore be useful in quantum gravity research. In parallel, photonic experiments are providing new insight into nonlocality and complementarity — recent work seems to suggest that these too could be exploited to test models of quantum gravity, taking that quest from astrophysical observations to Earth-based experiments.

On the theoretical side, intriguing concepts are emerging — such as possible nonlocal correlations that are stronger than those predicted by quantum mechanics, or the existence of an indefinite causal structure. These concepts could be exploited in new quantum information processing tasks, and they illustrate the two-way relationship that exists between quantum information theory and the foundations of quantum mechanics. And, as we celebrate fifty years of Bell's theorem this year, it seems timely to consider entanglement and its previously unsuspected connections to other areas of physics, such as thermodynamics and many-body theory.

It would be impossible to cover all of the exciting research directions in this very active field, hence the aim of this Insight on the foundations of quantum mechanics is to provide merely a taste — and to encourage a deeper exploration of the subject.

Iulia Georgescu, Associate Editor

COVER IMAGE

From science to technology and back again: state-of-the-art tools developed for quantum technologies, in theory and experiment, are allowing researchers to revisit the foundations of quantum theory and to explore the *terra incognita* that may lie beyond.

IMAGE: CARTA MARINA, OPUS OLAI MAGNI GOTTI LINCOPENSIS, EX TYPIS ANTONII LAFRERI SEQUANI, ROM, 1572 COLOURED ENGRAVING, NATIONAL LIBRARY OF SWEDEN, MAP COLLECTION, KOB, KARTOR, 1 AB

NPG LONDON
The Macmillan Building,
4 Crinan Street, London N1 9XW
T: +44 207 833 4000
F: +44 207 843 4563
naturephysics@nature.com

© 2014 年 4 月 1 日，《自然—物理》杂志正式提出"第二次量子革命"的口号

Quanundrum

Does reality exist? Fifty years on, Bell's theorem still divides (and confuses) physicists.

When it comes to Bell's theorem, a cornerstone of modern quantum mechanics, there is one thing that everyone agrees on: it was published 50 years ago. Everything else is open to debate — especially its interpretation — and there is little prospect of these matters being settled soon. Indeed, Bell's theorem has become synonymous with the most puzzling meeting of metaphysics and physics that science has to offer.

Nature prides itself on writing for the general reader, but explaining the idea published by Northern Irish physicist John Stewart Bell in 1964 poses a stiff challenge to that mantra of accessibility. But confused readers can be consoled by the fact that they are not alone: even the best quantum physicists are left bewildered by Bell's theorem. Still, to unlock the secrets of the Universe, a little effort seems worthwhile.

In short, Bell predicted that measurements on entangled quantum particles will be incompatible with one of two common world views. The first is locality — the idea that a measurement on a London desk cannot be influenced by the setting of a measuring device in New York. The second is realism — that there is a reality that is independent of what we measure or observe.

Before Bell, both were common assumptions in science. For most people, they still are. But for physicists who step from the physical world into the quantum universe, Bell's theorem poses a real challenge. They must accept either that entangled quantum particles can influence each other instantaneously, even if they are light years apart, or that in the quantum world there is no Moon if nobody looks. Bell's predictions have withstood all experimental tests so far, so it looks like we have to give up at least one dearly held, intuitive concept.

The reluctance of physicists to choose either of the possible options is illustrated by the fact that they still disagree on what exactly to make of Bell's theorem. For example, a conference in Vienna this week to celebrate the 50th anniversary of Bell's big idea will not merely issue a few historic outlooks and then move on to the hot topics of today. Rather, the theorem itself remains hot. (Sample talk title in Vienna: 'My struggle to face up to unreality'.)

"Even the best quantum physicists are bewildered by Bell's theorem."

It is not that quantum physics has gone nowhere over the past 50 years. On the contrary: in the 1990s, quantum physics experienced a boost that has been coined the 'second quantum revolution', when the theories developed in the first revolution were translated into practical quantum technologies such as unbreakable cryptography protocols and ultrafast computing concepts. After all, we can simply use the equations of quantum mechanics to invent new technology without understanding their deeper meaning.

Still, the second quantum revolution was at least partially triggered by contemplations about the meaning of it all. Quantum physicist Artur Ekert, for instance, devised one of the key ingredients for secure quantum communication while pondering the meaning of Bell's theorem (A. K. Ekert *Phys. Rev. Lett.* **67**, 661; 1991).

Today's quantum-physics agenda holds great promise for such fruitful collaboration between fundamental research and practical applications. For example, the search for the biggest objects that can be subject to quantum superposition is not only motivating theorists to think about possible universal distinctions between the macroscopic classical and the microscopic quantum world, but also prompting the improvement of experimental tools that will probably become useful in other contexts.

See, that wasn't too hard. Was it? ∎

© 2014 年 6 月 18 日,《自然》杂志发表了题为"量子战鼓"的周评

第二章

因果律和量子非定域性

YINGUOLÜ HE LIANGZI FEIDINGYÜXING

一、非定域性是指什么，因果性为什么重要

要说明非定域性的含义是什么，有必要先简单复述一下狭义相对论中的时空概念。爱因斯坦狭义相对论建立在两个基本假定之上，即相对性原理和光速不变原理。前者指在不同的惯性参考系中物理规律都是相同的；后者是说，光速在真空中的速度在不同惯性系中是相同的。按照狭义相对论，我们所处的空间和时间是有关联的，满足洛仑兹变换关系。假设有两个参考系，S' 和 S，其中 S' 相对于 S 以速度 v 沿 x 轴方向运动，则一个事件在两个参考系中的时空坐标（t, x, y, z）和（t', x', $y'z'$）之间的变换关系（联系）为：

$$t' = \gamma \ (t - v\,x/c2)$$
$$x' = \gamma \ (x - v\,t)$$
$$y' = y$$
$$z' = z$$

其中，c 表示真空中的光速，$\gamma = \dfrac{1}{\sqrt{1 - \dfrac{v^2}{c^2}}}$ 称为洛仑兹

变换可以证明，两个事件的间隔 ΔS_2 是与一个参考系无关的不变量，

$$\Delta S_2 \equiv c_2 \Delta t_2 - (\ \Delta x_2 + \Delta y_2 + \Delta z_2\ ).$$

当 $\Delta S_2 > 0$ 时，我们称间隔为类时的，此时显然两个事件可以通过小于光速的信号发生联系；当 $\Delta S_2 = 0$ 时，称为类光的，两个事件只能通过光信号关联；当 $\Delta S_2 < 0$ 时，两个事件要发生关联就需要有超过光速的信号传递，这是违背狭义相对论基本原理的。如上三个区域，分别对应如下示意图的光锥内、光锥上和光锥外区域。量子非定域性指的就是在量子系统中，处于类空间隔的两个事件发生了某种关联。

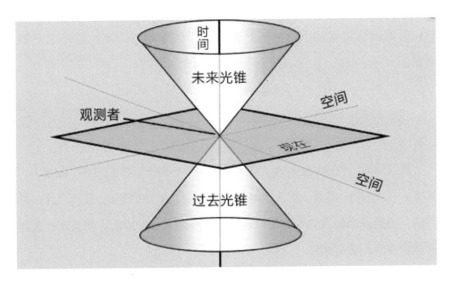

◎狭义相对论中的时空关联区间

那么这种量子非定域关联是通过什么信号发生的呢？这种违背狭义相对论的"超距"作用就是爱因斯坦所说的鬼魅般的相互作用。类空间隔的量子系统间是如何发生的关联，或如何相互作用，还是一个有待研究的问题，但有一点是肯定的，就是这种类空间隔的量子关联并不能用来传递物理信号。信息的最大传递速度还是经典中的光速。这多少让人们松了一口气，否则狭义相对论就麻烦大了。

因果性（causality）是我们作为人普遍接受的自然法则，也是科学理论的基本要求之一。爱因斯坦曾说"这个世界最不可理解的是它竟然可以被理解"（The eternal mystery of the world is its comprehensibility）。我们要理解事物，最基本的方式就是通过逻辑推理。一般说来，因果性也属于逻辑关系中的一类。

说到量子理论中的因果性，通常指两类，一个说满足狭义相对论对因果性的要求，即"因"发生在"果"之前，且"果"要在发生在"因"的未来光锥之内。另外一个是指确定的"因"应该导致确定的"果"。

后面我们将看到，按目前对量子力学的理解，因果性并不总是能满足。

二、量子鸽笼现象

鸽笼原理，也称抽屉原理，指如果要将n个物体，要放到 m 个容器中，如果 $n > m$，则必然至少有一个容器中要放一个以上的物体。还可以换一种说法，如果一个社区的人数超过该社区年龄最大者的岁数，那么该社区肯定至少有两人是同岁的。

鸽笼原理早在 17 世纪就提出了，也称狄利克雷特箱盒原理（Dirichlet's box principle），或狄利克雷特抽屉原理（Dirichlet's drawer principle），在数学上很基础、很有意义，有诸多推广。在经典物理中也不会出现问题，符合我们的日常经验和预期。然而放到量子理论中，原本简单的事情就变得不再简单了。

2016 年，以色列物理学家亚基尔·阿哈罗诺夫（Yakir Aharonov）和合作者提出了一个量子鸽笼效应的干涉实验方案（PNAS113（2016）532），发现如果这个实验成立，则经典的鸽笼原理在量子世界将成为悖论。

◎鸽笼原理

在阿哈罗诺夫的实验方案中，要将三个微观粒子装入两个盒子，这里的盒子实际是两种状体。我们知道很多量子都可以用两种状态来描述，如果电子、质子自旋在某一方向的投影，如光子的偏振等，即所谓的量子比特。他们证明，虽然一般理解，三个粒子只取两个状态（盒子），那一定有至少两个粒子会处于同一状态，但通过量子理论分析，发现在确定前选择和后选择态后，任意一对粒子都不会处于相同的状态（盒子）。相当于两个盒子放了三只鸽子，而且没有同笼。

下面简单说一下量子力学的论证过程，没有量子力学基础，或对论证细节不感兴趣的读者可以掠过。假设通过实验，我们将三个量子比特分别制备到

$$|+q> = (1/\sqrt{2})(|L> + i|R>);\ |-q> = (1/\sqrt{})(|L> - i|R>)$$

两个前选择态上，其中 $|L>$ 和 $|R>$ 表示粒子的两个量子态，也就是"盒子"。最后实验测量所谓的后选择态

$$|\Phi> = |+q>_1|+q>_2|+q>_3.$$

对任意两个粒子，处于相同"盒子"的量子态（如以第一和第二个粒子为例）为：

$$|\Psi> = \frac{1}{2}(|L>_1|L>_2 + |R>_1|R>_2)|+q>_3.$$

很容易证明，$|\Phi>$ 与 $|\Psi>$ 是正交的，即

$$<\Phi|\Psi> = 0.$$

说明第一和第二个粒子不处于同一个盒子中，而这个结论对任意两对粒子都成立，因而三个粒子就不会有两个及以上处于同一个"盒子"，形成了量子鸽笼悖论。

2019 年，我国物理学家潘建伟教授和他的合作者通过精巧的光学实验〔PNAS 116（2019）1549〕，证明三个光子中，的确没有两个光子会处于相同的偏振态，证实了量子力学鸽笼悖论的存在。

需要说明的是，量子鸽笼悖论是一个新提出的悖论（佯谬），对有质量量子的验证目前还有些争议，需要进一步的实验研究。

三、惠勒延迟（后）选择实验和量子擦除

美国物理学家约翰·阿奇博尔德·惠勒（John Archibald Wheeler，1911—2008）绝对是量子物理，乃至整个物理学发展史中不可忽略的人物，是黑洞（blackhole）、虫洞（wormhole）等诸多广为人知的物理学名词、概念的提出和唱红者，在原子物理、粒子物理、广义相对论和宇宙学研究方面多有建树。他培养了包括诺贝尔奖获得者费曼和多世界量子理论提出者休·艾弗雷特（Hugh Everett，1930–1982）在内的众多著名物理学家，遗憾的是惠勒本人并没有获得诺贝尔奖。

◎约翰·阿奇博尔德·惠勒

惠勒可算作量子力学教父玻尔的门生，得到过哥本哈根学派的真传，在量子理论方面多有洞见，也被称为思想家。据说先生上课别具一格，不在黑板上铺陈那些琐碎的公式细节，只给出几个足够闻者醒悟一生的论断，典型如"世界源于比特（It from bit）"。他一生提出过多个匪夷所思的量子佯谬思想实验，对于加深人们对量子力学的理解发挥了重要作用，惠勒延迟选择实验就是其中最具代表性的一个。

光是波还是粒子在历史上有很长时间的争论，不断反转。克里斯蒂安·惠更斯（Christiaan Huygens，1629–1695）通过解释光的衍射、折射、反射等现象，支持罗伯特·胡克（Robert Hooke，1635—1703）的光波动学说，但牛顿坚持认为光是粒子，不仅用三棱镜分解了白光，还发挥其高超的数学技巧，通过粒子假说解释了很多光学现象。再到托马斯·杨（Thomas Young，1773—1829），通过杨氏双狭缝实验坐实了光的波动性，一时间光属性的天平倾向了波动学说。19世纪末詹姆斯·克拉克·麦克斯韦（James Clerk Maxwell；1831—1879）创立的电磁理论及海因里希·鲁道夫·赫兹（Heinrich Rudolf Hertz，1857—1894）实验证实了电磁波的存在，更为光的波动学说加了一颗沉重的砝码。然而量子力学的出现，事情再一次出现了反转，或准确地说光属性的天平又回到了平衡——一种奇特的平衡。按照量子力学理论，光，乃至任何实物粒子都同时具有波动和粒子两重性，也称对偶性（duality），两种经典物理中完全不相容的两种属性，即所谓的"波粒二象性"。

说一句题外的话。按照历史唯物主义的观点，科学也是波浪式发展，螺旋式上升的，并没有绝对的真理，极端的科学主义（Scientism）经常是有害的，不利于科学进步。

量子力学采取这种"折中"的手法确实也是不得已而为之，因为的的确确微观粒子在不同的场合（实验）中，会表现出不同的性质。就如光，在光电效应的过程中展现的就是其粒子性的一面；而在干涉、衍射等过程中，又会表现出波动性。如何能够自洽地描述光（粒子）的这种现象呢？玻尔提出了一个被广泛接受的互补（complementarity）原理，即事物可能同时具有不同的属性，这些属性彼此不相容，特定情况下只能观测到其中的一种。也就是说，光是粒子还是波，取决于观测装置。就像埃及神话中的斯芬克斯（Sphinx），是狮身还是人形，取决于你的观察。惠勒延迟选择实验就是一类研究量子是如何表现出粒子或波动性的实验思想，最初的版本由惠勒 1978 年提出。

按照量子力学互补原理，不可思议的是量子的属性受制于测量设备。如粒子通过杨氏双狭缝，即便是一颗一颗地通过，仍然在狭缝后的屏幕上会形成干涉条纹，也就是说单个粒子在双狭缝面前仍然呈现的是波的性质。倘若我们把其中的一个缝关闭，粒子只从开着的那个狭缝通过，展现

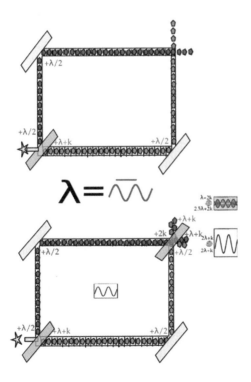

◎惠勒延迟选择实验示意图

出的则是粒子性。那么粒子是如何、什么时候知道它将要经历何种实验设备，从而表现出相应的性质呢？惠勒构想，可以在粒子（波）发出后，实验者通过改变装置，看粒子是如何表现的。

下面以如上示意图所示实验，简单描述一下什么是惠勒延迟选择实验。先看上面一个图。如果有光子从左下端的入口处进入实验设备，在入口处有一个分束器（也叫半透镜），镀膜在光入射面，将光子等概率地透过或反射向上。按照光学原理，反射光将有一个半波损失，即相位改变 π；而透射光在分束器中传播也会有一个相位改变，对应到真空中，相当于历经距离改变 k，即分束器中透射光的光程。接下来透射光子将受到右下反射镜的反射向上传播，同样有半波损失，最终在右上角顶端的探测器中被探测到。分束器发射的另一路光子在到达左上反射镜后，被反射向右，最终到达右上角右端的探测器。如果有大量的光子，顶端和右边的探测器将预期能探测到相等百分比的光子。在这个实验中，探测器探测到的是光子，是粒子性的。

如果我们在右上角再放一个分束器，镀膜在分束器的右下面，如下面一个图所示，则两路光都有可能会到达右上角右面（或顶端）后面的屏幕，两路光将会发生干涉，其中，如图标所示，到达顶端的两路光相位正好相反，彼此抵消，亦即探测器探测不到光信号；而到达右侧探测器的两路光同相位，彼此叠加，探测器将会探测到光信号。在这个实验中，探测器探测到的每一个光子"看到"的都是两条路径，就像杨氏双狭缝实验一样，光选择以波动方式走过两条路径，最终形成干涉。

由于两个图所示的实验装置差别只在右上角有没有一块分束器，那么问题来了，在第一个实验中，光是怎么知道最后路径中没有分束器，而以粒子的方式选择某一路传播的？而在第二个实验中，光又是如何知道在路径末端一个分束器，而以波动方式"同时"沿两路传播的？

为了弄清这个问题，惠勒设想了一个延迟选择实验，最初使用没有第二个分束器的光路，如示意图的上图。当光通过第一个分束器后，迅速地放入第二个分束器。由于没有放入第二个分束器前光是以粒子方式传播的，如果第二个分束器不改变光的表现形式，那么第二个分束器将不会对最终的观测造成什么影响，光还是以粒子方式进入探测器；如果第二个分束器加入后，光在出口处形成了干涉，那么说明光的性质变了，变成了波动的形式。如果这样，那么光是如何在飞行过程中"改变主意"的呢？实验表明，第二个分束器的有无，的确会改变光通过第一个分束器后传播性质的"初衷"。

目前对于实验现象的解释仍然莫衷一是。我国科学家龙桂鲁教授与合作者最近通过对量子力学中波函数的重新诠释〔SCIENCE CHINA Physics, Mechanics & Astronomy, 61（2018）030311〕，也成功地解释了惠勒延迟选择实验。

惠勒延迟选择实验有多种变例，从有些实验中可以明确读出所谓量子擦除现象，通俗地说就是通过当下的操作改变之前的结果，匪夷所思。下面以 Y.H.Kim 与合作者所做的延迟选择量子擦除实验为例做一个说明〔Yoon-Ho Kim, et al. PRL84 (2000) 1〕。

示意图的左侧是激光器和一个通常的双狭缝，狭缝上端进出去的光用红色标志，下端的用蓝色表示。经过双狭缝出来的光在经过一个偏硼酸钡晶体（简称 BBO）后，将一个光子等分为两个能量低的纠缠光子对。向上的两路光在通过一个凸透镜后聚焦到一点，进入探测器 D_0；与它们分别纠缠的另外两个向斜下方传播的光子则通过一个分光棱镜分开，其中红线表示的光子再经过一个分束器 BSb 分为两路。反射的一路进入探测器 D_4；透射的一路经过反射镜 Mb 后再经过一个分束器 BSc。分束器反射的光子将进入探测器 D_2，透射光子将进入 D_1 探测器。再说分光棱镜分开的另一路由蓝线表示的光先到分束器 BSa，之后反射光进入 D_3 探测器，透射光经过反射镜 Ma 反射后到达 BSc 分束器，经分束器反射的进入 D_1 探测器，透射的

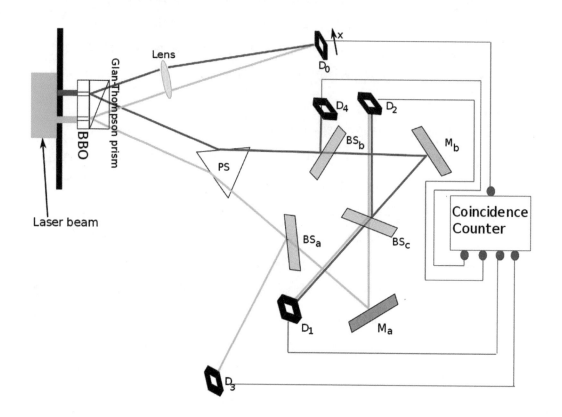

◎延迟选择量子擦除实验

进入 D_2 探测器。如上就是整个光路设计，并不复杂，但下面我们看它能给出什么诡异的结果。

在如上装置中，我们让 D_0 探测器在 x 方向来回扫描，就能知道进入探测器的光，姑且叫信号光（signalphoton），是以粒子方式还是波动方式进入的。波动的话两列光会形成干涉，否则光子只会打到一个点上（有一定的衍射）。与信号光纠缠，进入棱镜的光子称作标记光子（idlerphoton），标记光子会分别进入 D_1、D_2、D_3、D_4 探测器。其中前两个来自两条缝的光子都会进入，而进入后两个探测器的光子则分别来自双缝中下面和上面的狭缝。也就是说后两个探测器会标记光是来自哪条路径。在实验中，光路设计上让信号光到达探测器的路径明显短于标记光到达探测器的路径。

实验结果表明，当 D_3 和 D_4 号探测器中能观测到信号，也就是说明确光子来自哪条路径的时候，D_0 探测到的就是光子信号；而当 D_1 和 D_2 号探测器有信号时，D_0 探测到的就是干涉图样。那么问题来了，光是先到达 D_0 的，而后面的分束器是随机地让光反射或透过，那么到 D_0 的光是如何知道后面光子会到哪个探测器的？未来光子的状态是如何改变（擦除）之前光子的路径信息的呢？

四、我们能影响过去吗？还是过去已经决定了未来

按照经典物理学，包括相对论，时间是有指向的，在统计物理中就是熵增加的方向，现在和未来会受过去的影响，而不是反过来。否则因果性就不成立，世界就乱套了，这符合我们的常识认知。然而，惠勒延迟选择实验导致的量子擦除让人们对当下能否改变历史产生了疑虑。在那些个延迟选择实验中，我们确实看到在量子范围内出现了"擦除"历史痕迹的现象。由于量子特性也会有宏观效应，是不是最终我们在宏观上也可以看到"改变历史"的事情发生，这是一个尚有争议无结论的问题。我本人倾向于

认为在宏观上不太可能有改变历史的情况发生。注意，即便延迟选择的擦除也只是在随机情况下发生的，如 Kim 实验中标记光子到达分束器后是反射还是透射完全是随机的，至少我们目前无法准确掌握。

至于是否过去已经决定了未来，机械唯物主义决定论者确实是这么认为的，典型例子就是法国数学家、物理学家皮埃尔－西蒙·拉普拉斯（Pierre–Simon Laplace，1749—1827）的思想实验，也称拉普拉斯妖（demon）假设。按照拉普拉斯观点，如果这个妖知晓宇宙中每个原子的位置和动量，基于经典力学，他就可以通过计算知道宇宙的过去和未来，假如他有足够的算力的话。拉普拉斯是分析力学的创始人之一，在牛顿力学盛行的年代，认为给定初始条件通过运动方程计算任意时刻的状态是一件很自然的事。决定论者否定人的自由意志，也不认为有必要假定"第一推动"。

◎拉普拉斯妖

　　然而，20 世纪量子力学的出现打破了经典力学颠扑不破的甲胄。量子力学能够给我们的只是量子态的演化规律。要（经典力学）命的是，量子态是可以叠加的，某一量子态只表示量子处于那个态的概率。这样，即便你掌握全部初始条件，按量子力学来说通常也无法准确给出你未来量子会确切处于什么状态，亦即无法准确知晓未来。

态叠加和物理的实在性

量子力学如同其他"完备"的理论体系一样，建立在公理化假设基础之上。这里之所以给完备打引号是因为还存在争议。量子力学需满足四条基本假设（也有的分为五条），即公理（axiom）。其一是说量子体系由希尔伯特（Hilbert）空间的态矢量描述，通常写作 $\psi(x)$ 或 $|\psi>$。希尔伯特空间是一个推广的欧几里得空间，不熟悉其定义的读者不必为此困惑，并不影响阅读和理解后面的内容。量子力学的另外一个基本假定是量子态的演化满足薛定谔方程

$$i\hbar\frac{\partial}{\partial t}|\psi,t\rangle = H|\psi,t\rangle$$

其中 H 表示系统的哈密顿量，亦即能量，在这里是算符，涉及量子力学另外一个基本假定，不去赘述了。薛定谔方程是一个一阶微分方程，是线性方程。数学上线性系统满足叠加原理（superpositionprinciple），相应的函数称为线性函数。简而言之，如果 $\psi(x)$ 是一个态矢量，$\varphi(x)$ 也是一个态矢量，那么 $a\psi(x)+b\varphi(x)$ 仍然是一个态矢量，其中 a、b 是任意复常数。态，也称波函数，描述的是量子的波动性，很多量子佯谬现象就源自量子态的可叠加性。

实在性（Reality）在哲学或物理上指一个体系内的真实存在。经典物理中，很多人（如果不是多数人的话）是实在论（Realism）的拥趸，认为物理实在独立于实证，更独立于人的意识而存在。比如一个粒子所具有的质量、动量、位置、自旋等物理量，在实在论中是先验存在的，与你观测不观测无关，它们就在那儿。这在经典物理没有什么问题，但 20 世

纪量子力学横空出世动摇了人们的传统认知。比如某量子体系处于叠加态，那么量子力学只能告诉你落在其中某个具体态的概率。除非真正测量后，你无法知道系统是不是确实落在了这个态。另外，我们知道量子力学中有些可观测量是不相容的，意即不能同时被测量，同时有确定的值。那么在量子力学中物理实在就不再是一个先验的概念，而落入了实证主义（positivism）的范畴，只有观测了才能确认。如惠勒所言："只有观察到的才能称之为现象（no phenomenon is a phenomenon until it is an observed phenomenon）。"关于此，后文中会给出更多范例。

一、微观粒子满足经典实在性吗

微观世界服从量子力学规律，按目前"正统"的理解，实在性对微观粒子只是一个先验的概念，并不是事实，只有测了才知道。而对微观体系，测量是一个很复杂的事情，设备会和被测客体不可避免地产生耦合，使得测量结果往往依赖于测量设备和方式，从而影响人们对被测物理量实在性的认识。另外一方面，按照量子力学，有些可观测量是彼此不相容的，比如位置和动量。不相容的物理量对一个量子来说，不能同时具有实在性。因为如此，我们所熟悉的物体运动的轨迹，在微观就失去了意义。

对于实在论者，量子理论的这套描述方式尽管实用，但让他们很不爽，感觉还是缺了点什么，认为目前的量子理论是不完备的。在实在论者看来，物质世界是客观的，哪怕是微观世界也是一样。物理量就在那里，不管你测还是不测。有关这些问题的争论，一百来年了，还没有结束。双方都怀有根深蒂固的信念，甚至成了"信仰"，在科学上没有新的突破前是很难说服对方的。

二、EPR 佯谬和隐变量理论

在第一章中我们曾简单提到过爱因斯坦与合作者，通过一个思想实验，通常称作 EPR 佯谬或悖论，质疑量子力学的完备性。下面我们略微详细地叙述一下 EPR 的论据，及由此引发的对量子理论的思考。在 EPR 的原文中〔Physical Review 47 (1935) 777〕，假定有两个相互关联的子系统（粒子），最开始彼此间有相互作用，然后分开足够远，远到无法再对一个粒子测量时，会对另外一个粒子有不超过光速的信息交换（相互作用）。按照狭义相对论，真空中光速是物质运动速度的上限，这样分开两个系统的目的是保证系统间相互作用满足定域性。EPR 原始文章中讨论的是有关两个粒子的动量和位置的实在性问题，不便于实验检验，对非物理专业人员理解也不那么简明。下面我们就如绝大多数讨论 EPR 佯谬的工作一样，用戴维·约瑟夫·玻姆（David Joseph Bohm, 1917—1992) 版本的 EPR 思想实验做介绍。

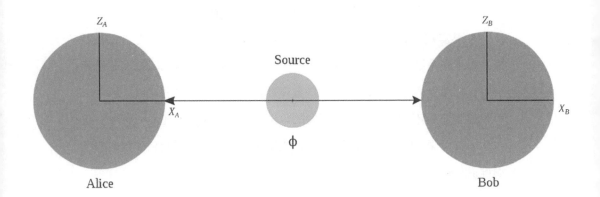

◎ 玻姆版本的 EPR 佯谬

　　玻姆是一位美国出生的物理学家，是罗伯特·奥本海默（Robert Oppenheimer）的门徒，工作做得很出色，然而由于政治倾向的问题，在二战后受迫害流亡巴西、以色列等国，最后落脚英国从教，开展理论物理研究。玻姆研究工作涉猎广泛，广为人知的是他有关量子理论的研究，如阿哈罗诺夫－玻姆效应（简称 AB 效应）、玻姆隐变量理论等。玻姆本人，及后来与其学生亚基尔·阿哈罗诺夫（Yakir Aharonov）对 EPR 思想实验的方案进行了简化改造。玻姆的方案如图所示，包括两个子系统，分别是电子（e）和正电子（p），处于自旋单态，由源（source）放出。其中电子走向实验者爱丽丝（Alice），正电子发往另外一个实验人员鲍勃（Bob）。由于量子态满足叠加原理，显然这样的态是一个纠缠态，可以表示为

$$|\Phi> = \frac{1}{\sqrt{2}} \left(|e, +> |p, -> - |e, -> |p, +> \right).$$

　　其中"+""–"分别表示自旋顺着、逆着某一坐标方向，如由 B 到 A 的方向（设为 z 轴方向）。这里所谓纠缠态，简单说就是你无法把两个子系统独立开来，做到一是一、二是二。如果爱丽丝测得电子的自旋"+"，那么按照量子力学的"正统"解释，系统马上会塌缩到量子态的前一部分，也就是说此时你测与不测，正电子自旋沿 z 方向都是"–"。同样，如果爱丽丝测得电子的自旋为"–"，那么系统就会塌缩到量子态的后一部分，正电子的自旋就只能是"+"。EPR 质疑，当爱丽丝选定一个方向测量时，鲍勃瞬间就知道是哪个测量方向，信息是如何传递的，即便两者相距任意远。另外，当比如爱丽丝沿 z 方向测得电子自旋方向为"+"，那么我们知道，此时鲍勃测不测量，正电子的自旋都是"–"，说明 z 方向正电子自旋是一个物理实在。如果此时鲍勃不测正电子 z 方向的自旋，改测比如 x 轴方向的自旋，按照量子力学，他会以各 50% 的概率测到"+"和"–"，总之他会测到沿 x 轴方向的自旋。这说明沿 z 和 x 方向的自旋均为物理实在。EPR 指出，按照量子力学，沿 x 和 z 方向的自旋算符是不相容的，不能同

时为物理实在，这与 EPR 思想实验相悖。

EPR 通过逻辑推理，说明量子力学是非定域的，也不满足物理实在性的朴素认知。这里非定域性是指 EPR 给出的量子纠缠对间存在违背狭义相对论的"超距"作用，用爱因斯坦的话说就是有"鬼魅（spooky）"般的相互作用。物理实在指的是一个物理量，不论你测与不测，都能明确给出其值。按照量子力学的标准哥本哈根诠释，量子纠缠态间确实具有非定性，而未经测量定义的物理实在是没有意义的。爱因斯坦们认为，之所以量子力学有这样的问题，是因为它不完备，应该有某种隐变量理论能够解释这一切。所谓隐变量理论指的是在现有理论的底层，还有更基本的理论，这个更基本理论的某些参量在上一层理论中虽然不显现，但实际起着关键作用。比如温度是热力学中的一个宏观物理量，但从分子运动论的角度看，温度是由分子的平均运动速度所决定，这分子的平均运动速度就可视作决定温度的一个隐变量。

EPR 论文出来后二三十年间没有多少人引用，毕竟哲学意味有些浓，直到 Bell 不等式之后，特别是近年量子信息迅速发展后，EPR 文章也受到了越来越多的关注，时至今日，俗称"纠缠时代"，该论文已经成为《物理评论》杂志历史上被引次数最多的文章之一。爱因斯坦就是爱因斯坦，一个 EPR 佯谬带来了对量子理论深刻的思辨，引发了天量的讨论，激发出了诸多应用。现代量子调控、量子密钥、量子通信、量子计算等都与之相关，甚至 2022 年的诺贝尔物理学奖都与 EPR 有干系。

三、薛定谔的猫

薛定谔的猫是指一类思想实验，最早由薛定谔在看到 EPR 文章后，通过与爱因斯坦讨论，意识到量子理论的态叠加原理，使得量子系统可以以一定概率处于每一个叠加的态，于 1935 年提出的。薛定谔通过把量子行为延伸到宏观体系——一只可怜的猫，得出了一个反直觉的结论，因而产生了巨大影响。薛定谔本意是通过这个宏观悖论，说明量子力学是不完备的，背书 EPR 对量子力学的质疑（注：是悖论还是佯谬，取决于你的立场。如果你支持爱因斯坦、薛定谔等认为量子理论不完备，那就是悖论；如果你认可量子理论，那这些思想实验就只是佯谬）。下面我们简单叙述一下薛定谔的猫的思想实验。

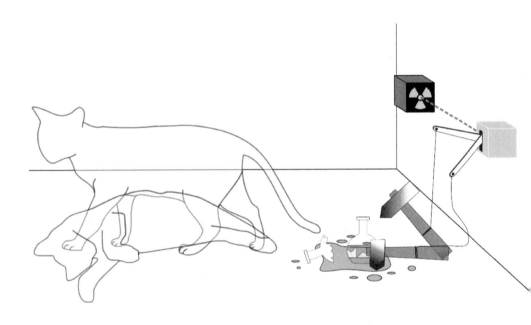

◎ 薛定谔猫思想实验

　　如图所示，薛定谔想象有一只猫，现在被称为薛定谔猫，幽禁在一个密闭空间，旁边有一些放射性元素，比如镭，还有一个探测电离辐射的盖革计数器。当放射性元素发生了衰变，就会有电子或 α 粒子进入盖革计数器，盖革计数器再触发一个能打开装有剧毒氰化物的装置。如果放射性发生，那么猫就会被毒死；如果放射性没有发生，则猫还是活着的。按照量子力学对放射性元素的描述，只能知道多长时间有多大的衰变概率，并不能准确预言某一时刻该元素是衰变了还是没有，也就是说元素是处于衰变和未衰变的叠加态，两种状态都有可能。这样也就意味着那只可怜的猫也是处于又死又活的状态。你可能会说，那我们打开看一眼不就知道猫的死活了吗？没错，这就如同一个盒子里的骰子，当我们没打开盒子的时候不知道是几点，各种可能都有，一旦打开就确定了。但这只猫的情况不同，在它与量子态联系在了一起，按照量子力学的哥本哈根（正统）解释，打开匣子看相当于观测，量子态一经观测立刻就会塌缩到某一个确定的态上，也就是说猫的死活就是确定的了。这个思想实验的核心是在匣子未打开之前，系统处于量子力学描述的状态，猫是既死又活。薛定谔是想用这么一个荒谬的结论来说明量子理论到这一步是不完备的，没有描述真实的物理状态。而量子理论的慕道者并不这么认为，不认为这有什么可笑的，就像我们前面说的一样，他们认为"只有观察到的才能称之为现象"，或者说"只有测了才知道"。

有关薛定谔的猫思想实验的解释，应该说目前仍然是开放性问题，历史上有多种解释，包括著名的约翰·冯·诺依曼（John von Neumann，1903–1957）解释、艾弗雷特的多世界解释等。故事还没有完，读者也可以提出您自己的见解，只要能经受得住现有理论和实验的检验。比如在我看来这种把微观量子态和宏观物体叠加本身就是有问题的。宏观物体，不论是猫还是仪器设备，能认定它，当然都是经过了测量。也许是看，也许是接触，总之已经不再是波函数了。我们所有的不定性，只能止于微观量子态。这样虽然说同样我们只有在打开匣子看才知道猫的死活，但这只是宏观不定性而已，一如打开盒子看骰子的点数。再举一个宏观不定性的例子：假设密闭的匣子中悬挂着一只锋利的宝剑，但挂绳不够结实，宝剑又重，挂一段时间就会断，宝剑就落下。在宝剑的下方拴着一只可怜的薛定谔猫，当宝剑落下时它就不幸了。在我们没有打开匣子前，由于我们无法确定什么时候绳子会断，也就无法确定猫的死活。这显然是经典关联带来的经典不确定性，没人会对这个不定性感到奇怪，更不会把匣子里的猫当作死活猫的叠加态。

其实早在薛定谔的猫被提出之前，爱因斯坦就给薛定谔说过一个类似的火药桶模型。指出，按照量子力学，会出现既爆炸又不爆炸的火药桶。和薛定谔的猫是不是很相像？可以想象，爱因斯坦的这个想法，以及 EPR 的文章会给薛定谔有多大的启发性。不过对爱因斯坦，再增加这点名头也不那么重要，他各种桂冠已经够多了，所以他老人家自己都把和薛定谔说过火药桶模型一事给忘掉了。这件事启发我们，和聪明人讨论问题，特别是和比自己更聪明的人讨论，是多么的重要。

四、维格纳的朋友（Wigner's friend）

所谓"维格纳的朋友"思想实验是薛定谔的猫的升级版，也是一类思想实验，最早由美籍匈牙利裔著名理论物理学家尤金·维格纳（Eugene Wigner，1902–1995）于 1961 年提出，主要是关于量子理论测量问题所给出的一个悖论。我们在上面薛定谔猫的思想实验中已经看到，对孤立的量子系统而言，测量将会使得量子态"迅速"塌缩到叠加态中一个。问题是这个"迅速"究竟有多迅速？测量是如何干扰到量子系统的呢？观察者在其中扮演了什么角色？量子力学没有给出答案，只能作为一个假设放在那里。维格纳要通过他这个假想的"朋友"告诉我们，人的意识在测量，即与之相应的波函数的塌缩过程中所扮演的、有悖常识的角色。

20 世纪 30 年代，为躲避纳粹对犹太人的迫害，维格纳从匈牙利流亡到了美国，曾参与美国研制原子弹的曼哈顿计划。由于在粒子物理、核物

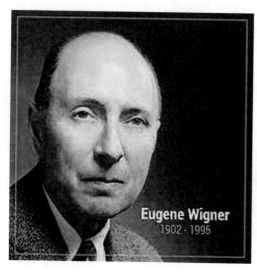

◎尤金·维格纳

理方面的突出贡献，1963 年他获得诺贝尔物理学奖。特别是他将群论应用于量子力学，对了解原子谱系和核结构发挥了重要作用。在建构量子力学的名人堂中，毫无疑问维格纳也赫然在列，今天量子力学的许多数学基础都与其有关。维格纳总体上算是量子力学哥本哈根学派，属于正朔。在对量子现象的解释方面，他有许多个人独到的见解。

维格纳的朋友思想实验的一个代表性版本设计如下（不是维格纳最初的版本，但更易于理解）：在薛定谔猫的实验中，假如封闭的实验室中有维格纳（W）的朋友（F），而 W 在实验室外。这样当 F 打开装猫的匣子后，自然就会看到或死或活的猫，而此时 W 并不知道 F 看到了什么，对他来说薛定谔的猫和维格纳的朋友就处于"活猫／高兴的朋友"与"死猫／悲伤的朋友"的叠加态。那么问题（悖论）来了：究竟猫此时是活着呢，还是已经不幸了？抑或处于一种又死又活的状态？维格纳进一步问，那么波函数（态）的塌缩是真实发生了呢，还是相对的？什么是物理实在？

维格纳是这么理解 W 和 F 给出的悖论的，他认为，无生命意识的物理测量装置给出的只能是叠加态，而意识会导致波函数塌缩。比如薛定谔的猫在 F 打开匣子之前是活猫 – 死猫的叠加态，但一经 F 观察就不再是叠加态了，因为 F 有意识；而对 W 来说，密闭的实验室只能给出"活猫 / 高兴的朋友"与"死猫 / 悲伤的朋友"的叠加态，除非 W 打开实验室看一下。那叠加态是在什么时候塌缩的呢？显然的是，即便 W 没有看或问 F 的观测结果，对 F 来说他的观测已经完成，也就是说叠加态已经塌缩了，因而维格纳认为，量子力学在描述有"意识"介入的实验中是不成功的。

维格纳的朋友思想实验还有很多扩展和延伸，比如一层一层实验室的嵌套，每一层中都有一个维格纳的朋友，进而问，是否有一个最终的观察者，等等。有关理论解释也在不断演进和发展，有些甚至走向了纯哲学的范畴，变得越来越抽象和唯心，一时还没有一个为所有人、哪怕大多数人接受的方案。总之，维格纳的朋友思想实验还是一个没有很好解决的问题，有兴趣的读者还可以顺此思路，继续思考个中的道理。撇开纯粹的思辨，物理学相信实验，实验是检验理论的不二法门。这些年来，实验物理学家就维格纳的朋友的各种方案开展了检验，通过实验确认客观实在真实存在，就如同我们朴素的思想认识；还是说就像"维格纳的朋友"中所得到的结论，客观实在"因人而异"。实验发现，是后者，至少在那些实验架构下客观世界（实在）的确是主观的。由于实验要描述起来就太过专业了，对大多数科普爱好者并不合适，这里就不进一步介绍了，有兴趣的读者可以很容找到相关文献，比如在《科学进展》上发表的首个相关实验结果〔Sci. Adv.5（2019）eaaw9832〕。

五、量子杯球魔术

下面我们再举一个物理实在"因人而异"的量子现象——量子杯球魔术。杯球魔术是一类传统的小把戏，大家在街头、剧场多半都看到过，就是小球会在魔术师的障眼法下，从一个扣着的杯中跑到另外的杯中，或消失。魔术表演的神奇无不依赖道具和手法，归根到底不会违背宏观物理规律。虽然魔术界有不外泄的行规，但由于各种原因，还是不断有魔术被解密。往往当人们看到谜底的时候会感叹，原来"骗术"也不过如此。这里没有揶揄魔术师的意思，高级的魔术师无论在魔术设计还是在手法上，都是下足了功夫的，他们能做到的，即使解密了，没练

◎传统杯球魔术

过的人也做不到。我们要说的是，所有魔术背后的"机密"都是符合已知的宏观规律和逻辑的，如物质的运动规律、能动量守恒、因果性，等等。但量子杯球魔术则不然，没有特异的手法，道具是公开的，但最终会发现有悖常识的现象。

如示意图所示，通常的魔术下，观众不知道小球会在哪个扣着的杯下面，但表演者是知道的，他通过手法或道具，总能安排小球落到他想让小球在的杯中。但对量子"杯球"情况就完全不同了，不论谁当表演（测量）者，用什么道具手法，由量子态的叠加原理，量子"小球"，比如光子或电子，在翻开杯子（比如是狭缝或量子态）之前，可以处于任何杯中，一旦翻看后，量子"小球"的位置就确定了。但奇特的是，对于量子"小球"是否处于某个杯中（的概率），会受其他杯中小球出现概率的影响。换句话说，假如有 A、B、C 三个杯子，量子小球在 A 杯子中的概率是与你同时看 B 杯子还是 C 杯子中出现的概率有关。小球出现在哪里，与其他测量是有关的，这违背了经典物理实在独立性原则。这种量子现象早在 20 世纪 60 年代就在理论上被提出〔Math. Mech.17 (1967) 59〕，最近一些年陆续得到实验的验证（比如 Nature 474 (2011) 490）。

维格纳的朋友和量子杯球魔术思想实验告诉我们，在量子世界很可能没有所谓的客观世界，那只是一个形而上学的概念，客观实在因测量（者）而异，毕竟不管用什么仪器，最终的观测者一定是意识主体。这里有必要对此作几点说明：一、如上"结论"也并非结论，还在争议和探讨之中；二、量子世界遵循的规律，未必（事实上是时常不会）在宏观世界成立。做延拓要谨慎，需要新的证明；三、我们只是陈述目前在量子研究前沿领域的一些匪夷所思的实验现象和说法，并不代表作者的观点。我希望读者在读过本书后，能对媒体上那些过分渲染量子理论的诡异，并有意无意将其在无实验支持的情况下关联到其他"学说"的论调，有更清晰的认识和判断。

第四章

量子测量及其导致的反常现象

在量子理论中世界被分成两个独立的部分，一部分是待描述的量子体系，人们首先通过理论对其进行刻画；其余部分包含观察者，或被视为观察者。观察者可以是人，也可以是实验设备，或其他探针。观察者与量子系统的相互作用称为测量。量子测量及其结果在量子力学中是作为一个基本假定而存在的。随着科技的发展，量子测量学已经成为一门新兴的、发展迅速且应用日渐广泛的学科。有关量子测量学市面上有不少文献，这方面更深的内容不是本文要讨论的重点。

一、量子强测量和弱测量

我们在前面提到过，量子力学只能够预言某事件出现的概率。具体量子系统中物理量取什么值，要通过观察者与量子系统的耦合——测量——决定。测量后得到了可观察量（在量子力学中用算符表示）的确定值，也叫本征值，同时系统也投影或塌缩到与本征值相应的本征态上。理论上，量子测量是通过测量算符作用在量子态（系统）上实现的。假定有算符 M_m 作用在态 $|\psi>$ 上，m 为测量可能得到的结果。某次测量后得到 m 的概率为

$$p(m) = <\psi||\psi>,$$

测量后的量子态即变为

$$|\psi m> = \frac{M_m |\psi>}{\sqrt{<\psi| M_m^+ M_m |\psi>}} 。$$

也就是说测量后系统塌缩到了算符 M_m 的本征态。

如上是作为量子力学假说的广义量子测量，在实际应用中，更常用的是一般量子测量中算符彼此正交的一种特殊情况，所谓的投影测量（PVM），即满足

$$M_m M_{m'} = \delta_{m,m} M_m .$$

之所以叫投影测量是因为量子力学中，量子态（系统）可以用一个半正定的密度算符表示，按照波恩规则（BornRule）对量子态某力学量的测量可通过密度算符与到该力学量本征态投影算符的联合操作实现。通常量子力学教科书中大多默认量子测量采取的就是投影测量。投影测量再加上测量系统在测量过程中的幺正演化就可得到假设中的广义测量。关于这方面我们不再深究，读者可参阅《量子信息物理原理》（张永德，科学出版社，2006）一书，或其他类似量子信息方面的文献。

在量子测量的一般定义下，如果对测量后的量子态不特别关心，而主要关注每次测量所得结果的概率，这样的广义测量形式称为"正定算子测量"（POVM）。注意，POVM 的中文翻译在文献中略有不同。在 POVM 理论中，由于不关心某次测量后的量子态，测量算子定义为

$$E_m \equiv M_m^\dagger M_m .$$

其中 M_m 正是广义测量算符。显然，E_m 是半正定算符，测量后得到 m 值的概率为

$$p(m) = \langle \psi | M_m^\dagger M_m | \psi \rangle .$$

POVM 测量为算符 E_m 的完全集，投影测量只是 POVM 测量方案的一种特例。更多相关知识可参阅 *Quantum Computation and Quantum Information*, Michael A. Nielsen and Isaac L. Chuang, CambridgeUniv. Press, 2000。

除如上简要介绍的主要量子测量理论外，基于量子力学基本假定，根据不同的需求，人们还发展出来其他测量理论形式，量子测量在实际应用

中取得了很大成功。但直到今天，人们对测量的基本假定在理解上还有很大的争议，既有哲学意义上的，也有实际操作中的。比如量子态的塌缩是瞬间完成的，还是在一定的时间范围？这在量子力学基本框架内并没有定义。

上面介绍的量子测量中，无论广义测量 PVM，还是 POVM，观察者与被测系统之间的耦合都假定非常强，测量的结果是，系统会确定地落在某个测量后的态，这些测量方案可统称为强测量（strongmeasurement）。近年来理论和实验上发展起了一种所谓弱测量（weakmeasurement）的实验方案，在对量子态测量后，弱到不破坏被测系统，有可能在量子信息和量子计算工程中具有相当的潜在应用价值。弱测量的出现引来不少理论和实验的发展和争议，方兴未艾。下面我们先对弱测量作一个简要的介绍，再看其引发的量子佯谬现象。

所谓弱测量就是在测量过程中观察者与待测系统的耦合很弱，因而测量获得的信息较少，但对系统造成的影响也很小。虽然时至今日对于弱测量还没有一个普遍接受的定义，但基本思想是一致的，细节的不同对我们讨论没有什么影响。我们这里不给读者呈现更多的数学公式，那些要解释清楚有些复杂，我们只把核心要义解说一下。弱测量通过观察者的一部分，比如探针，与待测系统的弱耦合，然后再对探针进行投影测量完成。弱测量并非某一次测量，而是通过一系列对相同备份待测系统干扰很小，但误差很大的测量而实现的。弱测量通过多次测量结果的平均来降低测量误差。它的要点有三个：一个是辅助探针，另一个是弱耦合，再一个就是后选择态。更详细的说明读者可看原始文献：Y. Aharnov, et al., *Physics Letters* A124 (1987) 199; M. B. Mensky, *Physical Review* D20 (1979)，等。或比较基础的综述性文章，如：Bengt E.Y. Svensson, Quanta 2(2013)18。如果弱测量结合选定末态，也称为后选择态，测量得到探针的平均值称为弱值。后选择态会极大地影响测量结果，这里也不再多说，原始文献见：Y. Aharnov, et al., *Physical Review Letters* 60 (1988) 14。

二、客观世界与观察者效应

即便在宏观世界、经典物理中，我们也知道观察（测）一定会某种程度上影响被测物体，就比如我们要测一个小球的直径，经典上我们通过卡尺来完成。你要想测得准确，就要适当卡紧一些，然而当你卡紧的时候，小球的直径已经发生了变化。类似的，你要想测量轮胎的气压，将胎压计接到气嘴上会有一定量的气体进入胎压计。经典上，通常对测量精度的要求有限，再加上其他修正，会认为测量已经足够准了。另外，哲学上，我们会相信，只要手段不断提高，测量精度就能无限精确。换句话说，事物是客观的，我们需要的只是不断提高认识它的水平。

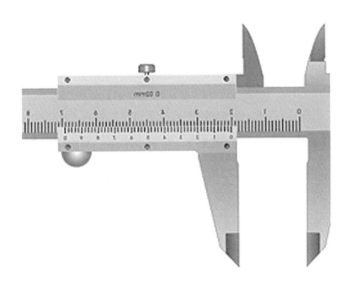

量子物理的出现，这一切发生了根本变化。量子力学有两个有别于经典的基本原理，一个是态贴叠加原理，由于这个原理产生的各种佯谬前文已经多有阐述；另外一个是不确定性原理（Uncertainty Principle），以前中文多翻译为测不准原理，现在已经不这么用了。测不准在字面上容易引起歧义，仿佛只是测量手段带来的不确定性。另外物理上意义也不同，不确定性原理强调的是，对于量子体系中不相容的物理量，不可能制备出能将两个物理量都测准的量子系统（态）。隐含着不能同时得到不相容物理量的准确信息。对于不确定性原理的理论解释，流行的是所谓哥本哈根互补原理。简单说，就是你要了解一个物理量，必然会损失对另外一个物理量信息的获取。这种此消彼长的相互关系，数学上会给出不确定性关系，这也是目前量子理论基础研究的热点课题之一，因为有关不确定性关系，会给出诸多应用，如量子密钥等。读者可参阅 Ann. Phys. 533 (2021) 2000335，及其中所引文献等。

前面提到过，由于量子（强）测量，会导致量子态的塌缩，我们对物理实在的描述就不可避免地受到限制。各种实验，比如对贝尔不等式的检验，都明确否定了定域实在论的可能性。特别是对量子理论的非定域性可以说已无争议。有关实在性的肯定或否定，还需要进一步努力，尚无定论。按照经典物理，物理实在是指不论你是否测量，物体具有的某种性质是可以准确预言且存在的。而按照量子力学目前对物理量的描述，只有测量后你才有资格说是否存在物理实在。这有点像哲学家实践派和原理派的分歧。

假如我们抛弃形而上学的观点，采用实践标准，那么在什么层次上世界变得客观了呢？下一小节我们会进一步展开评述。

这里顺便提一下目前在量子测量研究中比较热的测量扰动关系（MDR），这是真正强调在测量过程中仪器不可避免地会给被测物体（系统）带来的干扰，人们发现，对不相容的物理量，存在类似，但不尽相同的"测不准"关系（Phys. Rev. A 69, 052113 (2004)；PNAS 110, 6742 (2013)），有兴趣的读者可按图索骥找到更多相关文献。

三、没有人看时月亮还在吗

我们前面曾提过，爱因斯坦起初对量子力学正确性表示怀疑，随着量子理论和实验的发展，大量的事实表明量子理论能完美地描述微观世界，爱因斯坦在其晚年转而认为至少量子力学是不完备的，最著名的论证就是他与合作者提出的 EPR 佯谬。爱因斯坦曾试图发展一个满足定域实在性的理论，但终其一生也没有成功。他对德布罗意的导波理论、对玻姆的定域隐变量理论也有异议，认为应该有更好的理论描述微观世界。理论研究发展到这一步，就和哲学产生了交汇，与人对世界的认识、世界观有关。产生了科学哲学中的争议：人类发展出的理论，究竟是对世界的解释呢，还只限于描述（更多相关讨论可参阅《湖畔遐思：宇宙和现实世界》，科学出版社，2015 年）？

如果说爱因斯坦及其追随者们在量子理论和实验的进步面前一退再退的话，那么定域实在论的底线在哪里，或者说这两条由宏观物理得出的概念可以内推到微观世界吗？目前，相当多的物理学家甚至认为，观测不仅会影响被测物体，甚至测量结果就是因观测而产生的。这显然不是一种爱因斯坦认同的实在论世界观，物理属性怎么能依人而产生？以至于他在一次与其同事的谈话中不无揶揄地问："你真相信月亮只有在人看时才存在吗？"这当然只是一个夸张的比喻，宏观世界的实在性尚无证伪的案例。

那么问题又来了，微观和宏观的界限在哪里？什么条件下微观规律在宏观世界就变得失效了？这些问题还没有标准答案，还在前沿物理学家的思考和实验之中。

四、Hardy 佯谬

卢西恩·哈代（Lucien Hardy）在 1992—1993 年提出了一个被称为哈代佯谬（悖论）的思想实验〔Physical Review Letters. 68 (1992)2981；71 (1993) 1665〕，这个思想实验也被称为涉及量子纠缠的三大思想实验之一，可见其影响之大，另外两个分别是 EPR 和 GHZ 佯谬。在描述哈代佯谬前我们先简单介绍一下实验中要用到的马赫-曾德尔干涉仪的工作原理。

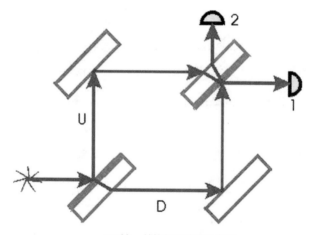

◎马赫－曾德尔干涉仪示意图

马赫－曾德尔干涉仪将单准直光源发射的光束，经过半透镜后分裂成两束准直光束，两路光分别由反射镜反射后，再进入一个半透镜，最后进入探测器。马赫－曾德尔干涉仪可以用来、但不限于测量两路光的相对相位变化。如果某光路中有待测介质，光透过介质会产生相移，从而在后面的探测器中就可观测到由于两路光相对相位的变化对干涉的影响。简单地说，如果两条光路上均无介质，两路光进入第一个探测器的相位就相同，从而光增强；而进入第二个探测器的两束光相位正好相反，所以第二个探测器将探测不到光。这个与前面分析惠勒延迟选择实验时的分析类似。另外，马赫－曾德尔干涉仪也是研究量子纠缠的常用设备。

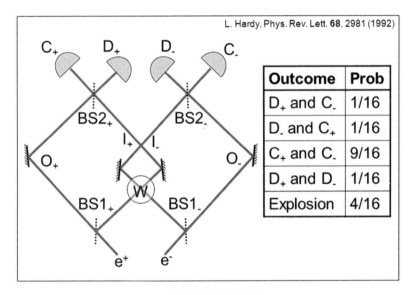

◎哈代佯谬实验示意图

　　哈代佯谬实验使用两个背靠背的马赫－曾德尔干涉仪，如图所示。入射粒子为一对正反粒子，比如电子和正电子，也可以是质子和反质子。这里对反粒子补充说一句，对有些读者也许是必要的。按照目前粒子物理的研究，每一个粒子都有一个反粒子，正反粒子质量完全相同，也有相同的自旋量子数，但所带的荷相反，如电荷、色荷等。对有些粒子，如光子、"上帝粒子"希格斯（Higgs）等，他们本身就是自己的反粒子。正反粒子相遇时就会发生湮灭，变为能量，如光子。

由示意图可以看到，当电子、正电子分别进入设备时，首先经过分束器 BS1$_+$ 和 BS1$_-$，再经过反射到分束器 BS2$_+$ 和 BS2$_-$，最后进入探测器。调整好路径相同，那么如同没有介质的马赫－曾德尔干涉仪时的情况，我们就只会在 C$_+$ 和 C$_-$ 探测器上探测到电子、正电子，而 D$_+$ 和 D$_-$ 由于两路粒子相位相反而相抵消，就什么也观测不到。现在我们将电子、正电子同时入射到设备中，如果电子、正电子都选择到 W 点的路径，经典上有 1/4 的概率，那么它们将在 W 点湮灭为光子，最终四个探测器都探测不到粒子。按照经典，另外 3/4 种可能都将有粒子在 C$_+$、C$_-$ 探测器被探测到，不会存在只在 D$_+$、D$_-$ 探测器上探测到粒子的情况。然而，用量子力学分析，电子、正电子在进入探测器后，会形成路径纠缠，通过并不复杂的计算就可知道，同时只在 D$_+$、D$_-$ 探测器上探测到粒子的概率为 1/16，并不为零，产生了佯谬。哈代佯谬表面，经典定域理论是不能描述这样的量子现象的。也就是说，再一次否定了微观世界定域隐变量成立的可能。

最近几年，也有人通过光子系统在弱测量下检验哈代佯谬，如 Physical Review Letters. 102 (2009)020404，意图否定微观体系实在论的可能性，但还有争议，在此不加评述。

五、量子柴郡猫

所谓量子柴郡猫（Cheshire Cat）现象是近年来理论上提出，实验上证实了的一种独特的、非经典的量子现象。在经典物理中物体与其属性是不可分离的，否则我们怎么描述一个物体呢？这是一般朴素的认识，比如你的笑脸，你的忧伤，一定是与你是联系在一起的。除非是在文学作品中，才会想象出主体与属性分离的现象。如英国童话小说《爱丽丝梦游仙境》（*Alice's Adventures in Wonderland*）里的柴郡猫，它的身体就会与其顽皮的微笑分离。然而，阿哈罗诺夫（没错，就是那个玻姆的学生，AB效应的提出者之一）与合作者发现，在量子世界里〔New J. Phys. 15 (2013) 113015〕，确实能出现主体和属性分离的柴郡猫现象。

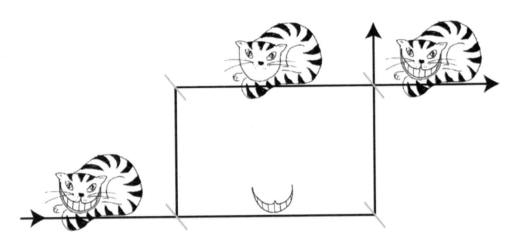

◎柴郡猫笑脸与身体分离实验示意图

　　阿哈罗诺夫等人发现，量子柴郡猫可使用马赫－曾德尔干涉仪，通过前面提到的弱测量显现，如示意图所示。当然柴郡猫在实验中是用光子代替，笑脸就是光子的极化。通过对后选择态的适当选择，可以得到上路径只有光子本体（弱值），而下路径只有光子极化（弱值）出现情况。这是最简单的光子柴郡猫实验，后续人们又陆续提出、实施了各种复杂精巧的柴郡猫相关的实验〔如NATURE COMMUNICATIONS 11 (2020) 3006〕，结论愈加冲击改变我们朴素的认知，比如双柴郡猫互换笑脸等，不再备述。

　　不得不说的是，有关柴郡猫的理论和实验，包括其涉及的弱测量、弱值，属于科学研究的前沿，还有一定的争议。这也很正常，科学就是在争议中前进的，期待不久的未来相关实验能产生实际应用。

六、量子之诺现象

之诺悖论是著名的经典悖论，由古希腊哲学家之诺（Zeno of Elea）提出的一系列悖论构成，对物理学、哲学，甚至数理逻辑都产生了深刻的影响。在讨论量子之诺现象之前我们先就经典之诺悖论做一个简单的铺垫。之诺意图通过悖论的形式，反证出存在的概念，他是最早使用反证法的数学家之一。之诺悖论大多失传，在已知的之诺悖论中尤以几个涉及运动的悖论最为著名，比如阿喀琉斯悖论（Achilles and the tortoiseparadox）、飞矢不动（Arrow paradox），等。以阿喀琉斯悖论为例，之诺试图通过这样一个悖论来说明运动只是一种幻象。这是众多希腊哲学门派中的一种观点，我们没有必要死盯古人最初的想法，而要从中看出对今天的教益。

阿喀琉斯是古希腊神话中的英雄，跑步很快。之诺设计了一个思想实验，让他与乌龟进行一场本无悬念的赛跑。为了体现"英雄本色"，实验中阿喀琉斯让老龟先跑（爬）一百米，然后他开始追，但最终证明却永远也追不上那乌龟。论据如是：经过一段时间后，阿喀琉斯会跑到之前乌龟处在的一百米处，而这时乌龟又前进了一段距离，比如说五米；再过一段时间，英雄又跑了乌龟爬的五米，但这时乌龟又前进了一段距离。总之，阿喀琉斯要想追随乌龟，首先要到达之前乌龟所在的位置，而乌龟尽管爬得慢这段时间也是前进了的，所以阿喀琉斯只能无限接近乌龟，但无法真正追上。之诺的论证中能够看到现代数学中极限的影子，得到的结论显然与现实不符，产生了悖论。需要说明的是，尽管之诺悖论很古老，两千多年来，有关其本质，争议不断，直至今日。作为物理学工作者，在我看来悖论出现的实质是之诺没有定义好运动中的自变量和因变量，把两者的关系弄反了。当然这也只是一孔之见，读者朋友大可保留自己的睿见。

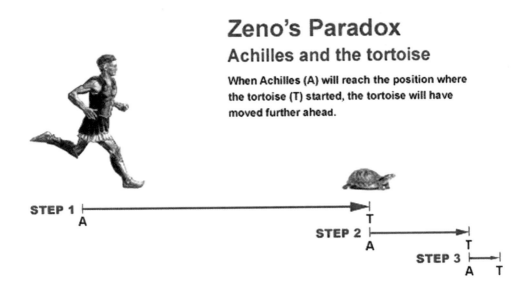

Zeno's Paradox
Achilles and the tortoise
When Achilles (A) will reach the position where the tortoise (T) started, the tortoise will have moved further ahead.

◎阿喀琉斯悖论示意图

　　量子之诺悖论也称图灵悖论（Turing paradox），源于经典之诺效应的理念，以为运动（演化）只是一个虚妄的概念，指量子系统的演化会由于不断对其的测量而冻结。换句话说，在有限的时间内能够对系统进行无穷多次的测量，系统将无法进行量子跃迁。也就是说，你一直盯着（测量）某个系统时，它将保持静态，不再演化〔Nuovo Cimento A.21 (1974) 471〕。人们可利用量子之诺效应这个特性做很多事情，比如通过量子调控（测量）避免系统受环境影响发生退相干等。事实上现在已经有不少应用了。

　　我们知道，对量子系统进行观察（测量），按量子力学有关测量的基本假定，系统将会塌缩到某个态上；与宏观情形不同，实际上最简单的就是吸收或放出（光）粒子。可以说对系统的控制，源自系统不断吸收或放出具有一定属性的粒子。另外，按照量子力学的不确定性原理，时间和能量可以视为一对不相容对偶量，对时间测量越是精确（时间间隔短），对能量的测量就越发不准。可以近似证明，系统的衰变率在大能量区间情况时将指数下降，系统趋于稳定。纯态系统的量子之诺效应已经得到了实验的验证。对于更复杂的体系是否仍有之诺效应，以及相应的解释，仍然是开放性问题，尚无结论。

后记

  本书写作到此，只能暂时搁笔了，依依不舍。一些原计划要写，也觉得挺有趣的内容，只能等以后看机会再补写出来，以飨读者。当然这首先取决读者对现有内容认可和喜欢程度。量子力学在很多方面有反直觉的结论，时至今日还在不断激发科学工作者对其深耕，挖掘其特异现象。这样做的目的，一是为了更好地理解量子理论本身；二是企望在某个点上首先找到超出现有理论的突破口，拥抱二次量子革命；三是在量子现象中挖掘新的应用，譬如今天量子纠缠的广泛应用。这一切告诉我们，量子物理虽已百年，但并没有夕阳，还有很强的生命力，更大的惊喜和辉煌也许只是刚刚开始，让我们共同期待，共同见证。

  按照出版周期，我已经非常对不起出版社张树老师和上海社科院的成素梅老师了。严重滞后于他们的要求，谢谢他们的宽容与理解。2021 年初我就接受了写作计划，但受疫情影响一再搁置，直到 2022 年 10 月张树老师希望尽快完工，实际才开始行动。好在与此同时其他压力也开始缓解，能腾出手来开始写作了，之后两三个月里大部分时间都用在了本书的写作之上。说这些的目的不是要为文中可能出现的瑕疵找借口，寻开脱，只是希望能多少得到责任编辑和丛书主编的宽宥和理解。

  写作过程也是我学习的过程，没有写作压力，我怕是很难找到这么多时间去读相关的文献，去思考其中的问题。从这点上说，我也要感激这项写作任务，同时也希望通过不才的些许努力，能激发更多俊良投入量子物理这片广阔天地，为中华民族的伟大复兴做出彪炳史册的贡献。最后以一首小诗结束此篇章，以飨读者。自由韵，请勿苛求格律，权当一乐。

微观世界别洞天
量子莫测舞其间
原子虽小乾坤大
纵然慧石亦惘然

鲁班精工终有限
牛郎织女有关联
莫道霄汉粒子渺
凡几演进是关键

那块慧石（在德语中爱因斯坦是一块石头的意思）曾对玻尔说：

If [quantum theory] is correct, it signifies the end of physics as a science.

您怎么看？